新 火を産んだ母たち

井手川泰子

海鳥社

新 火を産んだ母たち◉目次

七つ八つから　8
［コラム］分けあって共に生きる「人は我が身」の炭住の暮らし　22
女の大力　24
けんか女　42
［コラム］風習と禁忌　56
日ぐらし女ご　58
女坑夫ひとつのうた　74
［コラム］それでも歌かい、泣くよりゃましだよ　女たちの労働と暮らしの歌　89
かけもち坑夫　92
腰巻きからげて　104
女のかけ声　117
［コラム］私は米びつ！　女坑夫の戦時表彰状　134
鍋ん中のどじょう　136
一旗の夢　151
ヤマの女たちの生きた証として　あとがきに代えて　169
［解説］井手川泰子と『新・火を産んだ母たち』前福岡県人権啓発情報センター館長　井上洋子　173

新　火を産んだ母たち

撮影・平田和幸氏

七つ八つから

七つ八つからカンテラさげて
坑内下がるも親のため
（ゴットン節）

この歌のとおりタイ。いやも応もあるもんかね。背中に赤ん坊をきびりつけられたらあんた、ついて行かなならんタイ。篠栗《ささぐり》の津波黒《つばくろ》炭坑ちいう所やった。夜明けに、坑口の詰め所で石炭をゴンゴン燃やしよるき、そのガラをバケツに一杯拾うて帰るんよ。そしたら母さんが待ちかねたごとして、赤ん坊をかろわせなるきね。母親の背負い籠の中には、これまた妹が入っちょる。母子四人がそげして坑内に行きよったタイ。私がまだ八つの頃やったね。小ヤマの気楽さは、上がり下がりが自由で、子供連れでも行けることタイ。

煉瓦で囲った空気抜きの所に、ここは涼しいでよいと、夏の間カンテラ頼りに住みついとったモグラのげな四人家族がおったきね。昔の小ヤマはそげなとこがあったタイ。

赤ん坊が眠ると、古い倒れバコにカマスをしいて一緒に寝たり、合間にはボタをこ積《づ》んだり、石炭をエブに入れて加勢しよった。ひんずハコがある時は、余分に取った

カンテラ　ブリキや真鍮で作った照明器具。石油と種油を混合したものが燃料
坑口　坑内への入口
ガラ　不完全燃焼で石炭が燃えた後に残るもので、家庭用燃料にしていた
空気抜きの所　ガス爆発やガス突出を防止するため、メタンガスを除去する所
モグラのげな　モグラのような
小ヤマ　設備の整っていない小さな炭坑
ハコ　炭車。採掘した石炭を運ぶ箱車

鞍手町歴史民俗博物館提供

カマス　叺。むしろを二つ折りにして左右の両端を縫った袋。肥料や石炭、塩などを入れた

ハコやき人に盗られんごと中に入って番をしよったね。カンテラの明かりの輪の中で、顔をまっ黒うすすけさせて遊びよっちょるよ。赤ん坊が泣けば、母さんが黒い乳首を唾で拭いて乳を飲ませなる。「早よ飲め、早よ飲め」ち言うてね。

その日の炭《すみ》の積み具合で、昼上がりする時は嬉しかったよ。けどが母さんは家に帰っても、赤子の乳やら、晩方のおかずやらちょちょっとこさえて、私に用を言いつけてから、父親が切羽《きりは》で石炭こさえて待っちょるきね、またすぐ坑口さへ戻ることが多かったタイ。母さんは二人の先山《さきやま》が掘る炭を、一人で積み上げよったちいうげな働き手やったと。

朝ついて行く時の冬の道は、刈り跡のあぜ道やったき、霜やら雨のたまり水やら、わらじの足が凍るごとあったバイ。昔は寒いでよう雪も降りよったよ。「カラスの鳴かん日はあっても、ノブちゃんの通らん日はないごとある。えらいねえ」。近所のおばさんが言いなるごと、ようついて行ったタイ。黄ない海ほおずきを口に入れて、ブジブジ鳴らして歩きよったバイ。長女の私の下に三人おるんきね。次から次に負い上げて、背中のあく間《ま》はなかったよ。そげなふうで、私ゃ学校に行っちょらんき、字知らずタイ。下の方の子はかつがつ学校に行って字を習うてくるやろが、ハナもハトも知らん私ゃ口惜しいで、時々弟の石板《せきばん》を取って投げよったよ。長女に生まれた者な損やね。

十四になった時、大正十五（一九二六）年タイ。「お前も十四になったき、坑内下

ボタ　石炭以外の廃石の総称

エブ　「えびじょうけ」とも言う。物を手で運ぶ時の左右に手が差し込まれるように作られた竹製のザル。満載時は石炭で6キロ、ボタで約10キロは運搬可能

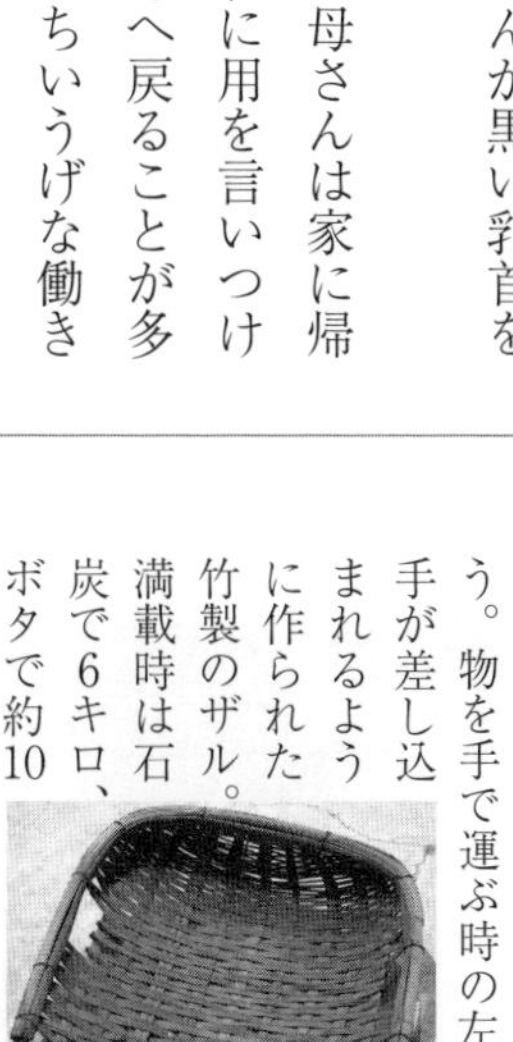

鞍手町歴史民俗博物館提供

ひんず　余分、余計

切羽　坑道の先端で、石炭を採掘する場所。石炭を掘ることを「切る」といった

先山　切羽で直接石炭の採掘に従事する労働者。仕事に熟練し、経験豊富

海ほおずき　巻貝の卵のうで、一片を口にくわえて音を出して遊ぶ昔の子供のおもちゃ

かつがつ　順番に、次々に、やっと、なんとか

石板　明治初年に初等教育で用いられた筆記用具。板状の粘

がらなのう。ハコ取りに来ちゃれ」と父親に言われたきね。これが皮切りで、一生の半分は炭坑暮らしすることになってしもうた。親に似た亀《がめ》ん子で、坑夫の子は坑夫タイ。たまがるげなことやないよ。採炭は何ち言うてもハコがなけりゃ金にはならんきね。けんか腰でハコ取るとも後ムキの仕事で、クジで順番決めよったけど、時には曲《かね》片《かた》にガアーッと差し込まれるハコのピン切って、自分の切羽に押し込む。走ってくるハコに、さっと手拭いを投げ込んだり、カンテラかけたりして、早い者が勝ちで取りよったタイ。

御徳《ごとく》のこのヤマでは、二人に一ハコ、三人だと二ハコの割り当てがあるき、私も頭数タイ。子守りはもうふるふる飽いちょったきね。坑内に行けば金にはなるし、友だちも行きよるし、働くとはいやとは思わんやったバイ。それが一ヶ月もたたんうちに、木路《ころ》を踏み外《はず》して、今にもスラの下敷きになろうげな目におうたきね。大けがするところやったと。坑内は油断できん、危ない所と思うたバイ。それでも、娘の頃はやっぱり苦労知らずでのんきなもんタイ。棹取《さおと》りさんに「ハコおくれー」ち言うたら、「オレの嫁女《よめご》になるならやるぞー」ち言いなるやろうが、「嫁さんにならんバイ、誰がなるもんね、好かーん」とか言うて逃げよったが、可愛いいもんやったバイ。

結婚したとは十九の年、相手は農家の三男で、炭坑に志願してきた新参坑夫タイ。年に米十七俵の宛てがい扶持《ぶち》で、大百姓の男仕《おとこし》をしよっちょるタイ。百姓の合間にハゼの実を採らされるき、一日中ハゼの木に登って実を採りよったら、「俺は今日、米

板岩に枠をつけ、ろうが混じった石のペン「石筆」で絵や字を書くもの。布などで消し、何度も繰り返し使用できた。石盤とも言う

採炭　炭層を掘り崩し、運炭機へ石炭を積み込むまでの作業

たまがる　驚く

後ムキ　先山が採掘した石炭の運搬をする人。後山とも言う

曲片　坑道本道から地層に沿って延びる水平坑道

ピン　炭車の前にぶら下げられている連結用のピン

ふるふる　つくづく、いやというほど

木路　急坂の通路に成木で階段状に作られた足場。狭い切羽街道には短い小木路（こごろ）を作り、足場にした

スラ　採掘した石炭を切羽から曲方まで人力で運び出すために用いる。木製はハコスラ、竹製はバラスラと呼び、底面にスキー板状の橇がある

五升がたした」「俺んがたも五升になっちょろう」。こげな話して、十五、六の兄《あん》ちゃんが、まだ明るいうちに炭坑から帰りよるやないね。炭坑ちゃ金になる所やのと思うたら、ハゼちぎりやら、ふうたらぬるうて、もうしたむのうなったち。それで炭坑に志願したとげな。

父親が後ムキに連《つ》のうて行きよったタイ。力もあるし、性格もさっぱりしてよう働くち言うて、たいそう気にいってね。遊びごとに手を出したり、変な女《おな》ごにかからんうちに所帯を持たせなと考えた父親が「おまえも十九やき、あれの所さえ行かんか。悪い男やなかろうが」と話を進めるとタイ。いやも応もないきね。娘の頃は縁談はみな親まかせという時代やったとよ。一緒にもやいで働いたこともあるし、気心も知れちょる。親も相手も乗り気なら、私もそれでいいと思うたタイ。

名前が徳三やったき、徳さん、徳さんと好かれよったのはいいが、好かれすぎるとは考えもんバイ。人間がいいき、すぐ調子にのるとタイ。男仕しよった時は、酒飲むちゃ祭りの晩くらいしかなかったとに、炭坑は何ちゃかんちゃ飲み事やろ、いっときの間に呑み助になってしもうたわね。農家でこき使われよった間は、何事も辛抱、辛抱やったとが、ここならなんぼでも手足が伸ばされるやろうがね。

そうするうちに、一緒に志願した友だちがボタかぶって死になった。自分が誘うて来とるき、家族に合わす顔がないち言うて、とても気にしとったが、そのあげくに、「このヤマにはおりきらん、ほかのヤマに移ろう」と言うようになったきね。私ゃ反対しよった。

スラをひく　鞍手町歴史民俗博物館提供

棹取り　炭車の操作をする労働者。軽々と炭車に飛び乗り飛び降りる姿に憧れる女性も多く、山本作兵衛は「炭坑一の洒落男」と書いている。運搬員、乗廻し、操作係りとも。名の由来は、井戸のはねつるべ式に石炭を引き上げていたこと

宛てがい扶持　与える側が一方的な条件で渡す金や物

男仕　下働きの男性

ふうたらぬるい　ばからしい、

そんな時のことタイ、私が炭車に八合めほど積んだ頃やったが、四つ入った枠の、三つめから山張りの天井に荷が来て、バレ出したタイ。小ボタがバラバラバラバラ落ちてくるやろが、私は、枠の足を立てるために、仕繰りが掘った穴の中にしゃがんで、エビジョウケをかぶってよけとったタイ。頭は上げられんし、道がふさがって逃げるこたできん。とにかくボタを防ぐのがやっとタイ。小声で念仏唱えよったよ。ひとしきりして、折りおうたら、「オーイッ、おるかっ」と亭主の声がしたきね。「おるバイッ、枠穴《がま》ん中に入っちょるよー」と返事したら、ちょっと気が落ちついたタイ。エビジョウケがあってよかった。これがなかったら、私の頭は血だらけになっちょるよ。そげなことがあって、亭主はいよいよこのヤマを好かんごとなってしもうてね。とうとう私もついて出るごとにしたタイ。

三十年近い間に、なんぼ所《ところ》歩いたやろうか。小竹《こたけ》から、赤池、中元寺《ちゅうがんじ》、池尻、山田にも行った。そして飯塚《いいづか》、芦北《あしきた》、小峠《ことうげ》、鞍手《くらて》、中間《なかま》。筑豊はおおかたそうつき回っちょるバイ。行ってみりゃ、聞いた話とは違うひどいヤマもあった。子供の保育所があるち聞いたヤマは、水が多かったり、切羽が恐ろし悪かったり、炭坑もいろいろあるタイ。

大岩取ってしまわな、先の石炭さえ行きつかん所があると。そこは水が多うして、天井からはぼたぼた落ちるし、寒うて、しろしいし、岩は固いし、長《なご》うはとてもおられんタイ。三十分もおったらクツバの色が変わりよった。それかと思えば、反対に暑

のろい、遅い
もやい　複数の人が共同して作業を行うこと
バレ出した　崩壊し始めた
枠の足　天井を支える木枠の柱
仕繰り　坑道や切羽の危険個所を枠で囲うなどして修理補強すること。その係
エビジョウケ　エブ（9頁参照）
折りあう　落ち着く
そうつき回る　うろつきまわる
子供の保育所　昭和8（1933）年、女性の坑内労働が禁止され、それに伴い就労中の母親の役割を果たしていた坑内保育所も廃止された
しろしい　うっとうしく、気分が滅入る
クツバ　口びる
マブベコ　坑内で女性が着用した丈の短い腰巻

い暑い切羽もあるきね。そこに入っただけで、体の水気がぐしゃーとしぼり出るげな所で、塩をなめても、塩が甘いごとある。亭主はふんどしに汗がたまる。ふんどし一枚が暑いち言いよったきねえ。私も腰に巻いたマブベコの汗水を絞り絞りで、そこはとうとうおりきらんでやめてしもうたよ。

亭主はどこへ行っても、徳さん、徳さんで好かれるとはいいが、結構すかぶらになった。月に半分出れば、たいそう働いたち感心して、同じげな人と集まって酒飲みよったタイ。それでもそのすかぶらのおかげで、するりするりと危ない目を逃れるきね。

上山田の炭坑におった時、盆の十三日タイ。盆休みでよこい手が多いき出てくれんか、と労務から呼び出しがあったきね。割り増しが付くき、私が「あんた行こうや」ち誘うたよ。「人がよこう休みに、何で、すかたんのオレが行かなならんか。日頃でも行きたむないとに」ち言うて腹かいてね。どうしても行かんタイ。私ゃ一方《ひとかた》でも欲しいよ。盆の正月の言うてはおれんとやけど、出がけに争うて行くとはマンが悪いしね。私もしぶしぶやめたんよ。

そしたらあんた、その日、古洞《ふるとう》の水が暴れ、何人も死人が出るげな水非常が起きちょるタイ。それが何ちゅうことかね。私らが行くはずの箇所やないね。私ゃへたりこもうごとあったよ。行かんでよかった。よう止めてくれた。この時ばかりは「すかぶら様々」と思うた。

亭主が時々すかぶらよこいするごとなって、私ゃようけんかしよった。百姓仕事が七つ八つから

マブベコを着用し掻き板を使う
鞍手町歴史民俗博物館提供

すかぶら　怠け者
よこい手　休む人
すかたん　調子はずれ。間が抜けること
一方　一日分の賃金
マンが悪い　縁起が悪い
古洞　古い坑道や採掘跡
水非常　出水（水没）事故。大量の水がたまっている古洞に切羽が行き当たり、坑道を水没させるような異常出水が発

きついち言うて、炭坑に遊びに来たのかと、憎たれ口を言うてね。
私もよこいたい時はあるよ。けどが子供は三人も四人も、ツバメのごと口あけて待っちょるとバイ。親なら、じーとしておられまいがね、と私がなんぼ尻たたいても「そうガタガタ言うな。慌てる乞食はもらいが少ないとぞ。お前もよこえ。一日よこうたからちゅうて子供は死にゃせんわい」とか、言いたい放題やったが、あの水非常の後はもう権態《けんたい》やきね。だれのおかげで命拾いしたかち、二言目にはそれを言いよったよ。まあね、今思うたら漫才のげなけんかやが、私ゃ本気で腹たてちょった。腹だちまぎれでガンガン働いたよ。

中間の炭坑におる時、天井の低い所で、腰から上、しゃがんでも頭がつかえると。いつも体を倒すごとして、首が抜き差しできるものならいいとけど、首は曲げたまま手だけ伸ばして、エビの炭をスラに差し入れて積むとタイ。なんち狭いで、片足を長う伸ばして掻《か》き板使いよったら、先山の亭主のツルの先が、その足をかすったタイ。足半《あしなか》履いた裸の足はケガが多いきね。足の先ですんだけど、頭でもやったら、私ゃ亭主に殺されるとこタイ。

先山、後山の一先《ひとさき》は力をあわせ、気をあわせて、チン、カンの間《ま》で働かなきね。他人先山についた後山は、切羽夫婦で亭主以上に気を使いよったよ。先山ががんばれば、後山もがんばる。賃金は同じやきね。お互いに口がかかっちょるタイ。炭は掘っただけでは金にならん。炭車に積んで出して一カン何ぼと金になるんきね。一生の間で、

生すること。海底に鉱区がある炭坑では落盤が起きた時に発生する。

権態　ドヤ顔、いばる

掻き板　石炭やボタをかき寄せる鉄製の道具

ツル　ツルハシのこと

足半　足裏の土踏まずまでの長さのわらじ。指先に力が入る

他人先山　身内（夫や兄弟）でない先山のこと

賃金は同じ　先山・後山の賃金比は１００対65であったが、それは便宜上であり、坑内労働は「出来高払い」であったため、搬出した函数で賃金が決定した。そのため夫婦共稼ぎの場合は明確に分配されたわけでなく、後山の労働は夫と共に五分五分で家計を支えるものであった

口がかかる　生活がかかっている

かたげる　肩にのせる、かつぐ

子供ができると産まなならん　昭和23（１９４８）年、「優

後にも先にもただ一度ぎり、亭主が背負うてやると言うてね。本当に負うて上がってくれちょるタイ。傷が治るまで十日はかかって、その間は、毎日ツルハシかたげて出て行きよった亭主やったが、私が働きだすと、元のすかぶらに戻ってしもうた。

それからはまた、後追いして泣く子を追い返して、こけて泣きよっても、見らぬふりして先へ急ぐ毎日タイ。ふり向いたら負けるきね。前さへ前さへ行かなタイ。昔のことやき、子供ができると産まなならん、生まれて口が増えれば、前にもまして働かなならん。それの繰り返しで、ただ働いてきただけタイ。

貝島さんとか伊藤伝右衛門さんとかの、偉い人の一生なら話になって残るやろうが、私のごと取るにたらんげな者の話が、何か役に立つことがあるかねえ。ありゃせんがあ。女坑夫は私だけやないよ。掃《は》わいて捨てるほどおったとバイ。どこに行って、だれに聞いてもみな同じげな話しよるやろ。今の者には及びもつかんごと働いたきね。それだけは自分ながら感心しちょるが、炭住の助け合いがあったきこそできたことタイ。人にようされたら、自分もして返さな、だれが頼りになるかね。今のごと、生活保護とか福祉とかいう言葉も知らん時代やき、人の情けが頼りタイ。「人は我が身」と思うて思いおうていかなよね。

私ゃけつわりの人をかくして、逃がしてやったことがあるバイ。夜明けのまだ暗いうちに、前で七輪《しちりん》に火を起こしよったら、小走りで来た男の人が、「見張りが探しに来る」ち言うきね。ガラ箱の中に突っ込むごとして入らせた。板蓋の上には、たらいやらバケツやら置いちょった。戸口の一枚引戸の横に、作りつけのガラ箱があるタイ。

生保護法」が成立して中絶が合法化されるまで、女性はどんな状況下でも産むことが義務付けられていた。「優生保護法」は平成8（1996）年、「母体保護法」として改正された

貝島さん　貝島炭鉱を開いた貝島太助（1845－1916年）。貝島私学と呼ばれた私立大野浦小学校なども設立し子弟の教育に力をそそいだ

伊藤傳右衛門　（1861－1947年）。大正炭鉱などを開き、炭坑王と言われ、地元の子弟教育には力を入れ、嘉穂東高校などの学校設立に尽力した。柳原白蓮との結婚で名をはせた

炭住　会社が炭坑で働く人のために作った長屋の社宅。光熱費や住宅費は無料であり、現物給与・福利厚生的な側面も強かった

けつわり　坑夫が無断で退職や逃亡をすること。過酷な労働

中の豆タンがのうなりがけでガラ空きやったき、とっさに押しこんだよ。七輪をあおぎよったら、また二人来て、「男を見らんやったか」ち尋ねるきね、知らんバイち言うたよ。まさかガラ箱の中にかくれとるとは知らんで、通り過ぎて行ったけど、私ゃ胸がドキドキ破裂するごとあったバイ。「もし捕まっても、このことは絶対に言わん、迷惑はかけん」と約束して、礼言うて、その人はすぐさま出て行きなった。名前も、事のわけも何も知らんタイ。突然の出来事やきね。どこさへ行くか、行くあてはあるやろか。けつわりが捕まったら、見せしめされてひどい目にあうきね。なんとか捕まらんごと逃げておくれと、それぱっかり願うたバイ。

　募集にかかってくる時は、トランクさげて、鳥打帽子でもかぶって来るものが、そのうちに、着た切り雀でけつわるごとなるタイ。圧制されたら逃げたい気持ちは、私はようわかるよ。炭住の中は労務の詰め所があって、町さへ出る所は見張り所があって、変な者が出入りせんごと監視しよるきね。請願巡査ちいうて、炭坑から雇われた巡査がおったけど、こらあんた、坑夫を取り締まる方やき、見張り所で目を光らせよるタイ。その人があとどうなったんかは知らんが、見せしめのうわさは聞かんやったきね。うまく逃げられたと思うちょるタイ。そう信じることにせなねえ。

　労務の人繰り《ひとぐ》は前科何犯とかいうて、暴力しよったきね。合宿の人たちが、前後見張られて坑口に行かされ、建物のまわりは柵《さく》で囲まれて、便所の汲取り口まで枠がはめてあった。そげな所から逃げるちゃ命がけバイ。このことは亭主も、ほかのだれも知らんきね。もし、何かでバレでもしてんなさい。亭主が巻き添えになると思うて、

に耐えきれず、また前借金の踏み倒しや条件のよいヤマに無断で逃亡して替わることが中小炭坑では再三あった

豆タン　豆炭。粉炭に粘着剤を加え、卵形に押し固めた家庭用の固形燃料

ガラ箱　炭住の入り口に作られた豆炭などの燃料入れ

募集にかかる　手数料をもらって炭坑労働者を募集する人に勧誘される

圧制　権力を使い、暴力を振るったり、威圧したりすること

人繰り　労働者を坑内に送り込む係

合宿　単身の労働者の管理方式で、一ヶ所5～20人が収容された。家具、作業器具一式を貸与し、仕事の割当てや賃金の一括受取りも行った

言わんままのそのままやが、こげなこともあったきねえ。今でもドキドキするげな思い出タイ。

坑夫の家は長屋の炭住タイ。私らは昔から納屋《なや》ち言いよるけど、職員の家は社宅で、一段高い所から見下ろすごとしてあったきね。衛生日役で、掃除やら草取りやら行かされよったき、よう知っちょるが、所長とか上の方の人は、門構えの広い大きい家で、炭住とは天と地の違いタイ。初めは気おくれして小さくなったけど、そのうちにようと考えてみたら、あんた、「立って半畳、寝て一畳、天下取っても二合半」ち言うやろうが。人の寝る所は一畳あればいいとバイ。坑夫も所長も同じことタイ。こげな大きい家におっても、転げまわって寝るわけじゃなし、畳一枚で寝るとなら私と一緒やないかと思うたら、ありがたみがのうなった。へえへえ言うこともないたいね。

「労働者の稼ぎで大きな家に住んで、そのうえ掃除まで労働者にさせるとか」。亭主はその頃、労働組合にかぶれちょったきね。何でも理屈ばっかり言うちゃ。こげして人の日役仕事まで文句つけるタイ。私は労働運動ちゃ何の運動会かねと思いよったし、労働者は男がなるものと思うとったきね。それがいつなったか知らんが、女の私も労働者ち言うやないね。私ゃ女坑夫でいいよ。

戦争が終わって女坑夫はできんごとなったけど、戦争中は女も出炭兵士で石炭掘って、勲章もろうていいほど働いてきちょるきね。理屈ばっかり言いよる亭主よか何倍

衛生日役　衛生管理のための日雇い労働

女坑夫はできんごとなった　昭和22（1947）年制定の「労働基準法」で、女性の坑内労働は全面的禁止の規定が設けられた

出炭兵士　昭和16（1988）年に石炭は国家統制となり、戦時体制に組み込まれた。「石炭なくして兵器なく、石炭なくして国防なし。切羽は切刃にしてすなわち戦場なり」などと言われ、増産体制に突入した

も働いてきたのに、坑外日役に代えられて、賃金は半分に下げられてしもうたタイ。何が労働者かね。組合とか言うたっちゃ私ゃ知らんよ。組合何たらち、偉そうな理屈言いよるが、いつまで続くかねえと思いよったけど、結構長続きしたね。そのうち、方数つめてまじめに働くようになってきた。これは組合のおかげと思うちょるタイ。人の中に交わって理屈言わなならんちゃ、すかぶら休みはできんごとなった。

私は七つ八から坑内に下がった女坑夫やきね、セナ籠の担い棒でこすった火傷《やけど》のようなヤケの跡が肩にあるが、血の涙が出るほど痛かったよ。母の肩にもヤケがあったが、それを思うと、母の苦労がしみじみわかるバイ。あの暑い切羽から、じゃがいものげな汗をスダレのごとたらして、ふっふ、ふっふ、汗は口で吹き払うて、卸底《おろしぞこ》から籠かろうて登って来たとやが。我ながら本当よう働いたもんよ。

「掘った石炭は積まにゃならん。産んだ子は育てなならん」。私ゃそう自分に言い聞かせて働いた。どこのヤマに行っても同じよ。そのうち、籠の中にボタが一つでも入っていたら、背中でわかるごとなったバイ。長年の勘というもんかねえ。学校には行かれんやったが体が学問しちょって、私に教えてくれるタイ。炭坑があったおかげで、読み書きのできん私でも働く場所ができた。どれほどの炭を背中にのせたことかねえ。十五トン貨車何十台て言わんやろう。私の運んだ炭は何に使われたか知らんが、三人の子供はその炭でまともに育てることができたんきね。何ちゅうても炭住の暮らしがあってこそそのことタイ。子供が多いき、誰かといつも遊びよる。心配せんでいいタイ。悪い事すれば、叱りつける大人がいてくれるし、助かるよ。

坑外日役　選炭婦など日給の日雇い労働

方数つめる　出勤を増やしてきっちり働く

セナ籠の担い棒　セナ(籠)とは石炭運搬用の竹籠で、それを担ぐ天秤棒のこと。低くて狭い坑道内ではセナ棒で前後に担ぎ、這うようにして運んだ

鞍手町歴史民俗博物館提供

ヤケ　セナの担い棒があたる肩や背中に石炭の重荷のためにできた皮膚の激しいすり傷が

炭坑がしまえてからは仕事探して出て行く人も多くなり、人は減るばかり。古い炭住は解体して、町営の炭住改良住宅に建て替えをすることになって、一年の内に引き移らなならんごとなったタイ。どうすりゃいいね。私ゃ箱げな家は好かん、ドアをガタンと閉めたら牢屋《おり》に入ったごとある。「新しい家に入れていいやないね」と娘は言うけど、「おるねえ」「入りい」の一言で誰もが出入りできる炭住のボロ家がいい。カギなん何十年もかけたこともないが……。炭坑もボタ山ものうなって、炭住までのうなるんかね。

学校の教科書に、筑豊炭田と書いてあることを聞いた時、ほう、私の働いた所バイと思うたきね。ちょっと大きな気がしたよ、本当。それがもう夢のごと消えてしもうたけど、私の体にはヤケの跡があるきね。女坑夫で働いたことの証明タイ。

苦しい時、きつい時の胸のうちは、みなこの炭住の古家が知っちょる。天井が雨漏りしようが、床がほげようが、ここにおれば安心やった。

私ゃこの炭住で死にたいよ。ここで死なせてもらうバイ。

「あっはっはっはあー」と大きな声で朗らかに笑う田中ノブさんの自慢は、八歳の頃から坑内下がりの女坑夫だったことである。二人の先山が掘る石炭を一人で積み込む働き者の母について坑内子守りで働いたノブさんは「だから母娘二代生粋の女坑夫

七つ八つから

やけどのように痛み、傷跡が残る

卸底　斜坑坑道のある位置から下に向かっている坑道を卸向といい、その一番下のところを卸底という。卸詰ともいう

炭住改良住宅　炭住は木造の長屋形式が主体であったが、炭坑労働者人口の減少などにしたがって、住環境の改善のため昭和40年代からアパート形式の集合住宅に立て替えられた

ボタ山　選炭した後に残る石や質の悪い石炭などの炭坑の産業廃棄物を長年積み上げてできた山のこと。飯塚市旧住友忠隈炭坑のボタ山などが現存し、「筑豊富士」と呼ばれている

筑豊炭田　筑豊は大牟田の三井三池炭鉱とともに日本の日本近代化の基礎を支え、戦前は国内最大の炭坑地帯だった。戦後も日本一の石炭産出量を誇っていたが、昭和30（19

なのだ」と笑いながらいつも話してくれた。坑内守りは乳の匂いがする赤ん坊を襲うという大ネズミが怖かったが、父も母も身近で働いているのが心強かった。

十歳の頃は年下の子三人の面倒をみながら、主婦代わりの家事をした。学校には行っていないので、読み書きに苦労した。

十四歳、母と交代して父の後ムキになり、女坑夫として働き始める。

十九歳、父の仕事仲間の青年と結婚。

なんの屈託もなさそうなノブさんだが、長女に生まれた者は損だという。おむつ一枚洗わず、学校に行ける弟に生まれたかったという。坑夫の娘は奉公に出るか、紡績女工になるか。

坑夫になったノブさんには、学校はもうなにも教えない遠い存在である。ならば自分で学ぶしかないではないか。

ノブさんは衛生日役で職員社宅の草取りに行き、炭住とは天と地ほど違う身分の格差を知る。門構えの広い所長の家には裏口から入らされ、委縮していたが、立って半畳、寝て一畳、天下取っても二合半と言うではないか、人の寝る広さは畳一枚でいい。所長も坑夫も同じ一畳だと思えば権威から解放されて気が楽になったという。ノブさんの学びである。

あははーの笑い声と共に、ノブさんのこうした学びの報告を何度か聞いた。

筑豊の小ヤマを移動したノブさん。いちいち聞かれても覚えていないので、これから「筑豊炭田の女坑夫」と名乗りたいという。

５５）年以降、エネルギー革命が進展。エネルギー源の主体が石炭から石油に移行し、急速に衰退が進んだ

ほげる　穴があく

紡績女工　紡績工場で働く女子労働者。大正から昭和にかけて、紡績業は、イギリスから機械を輸入、機械工場をつくって生産を開始した。これが本格的な工場制機械工業の始まりで、日本の産業革命期の先駆けとなった。一方、当時の紡績工場は昼夜交替勤務の12時間労働がほとんどで、体を壊す人も多かった。細井和喜蔵著『女工哀史』は、自身の工場労働者としての体験をもとに、紡績女工の実態を描いた貴重な資料である

元気が出る名前ではないか。「いいね、いいね」と二人で笑った日のことを、私は忘れない。ノブさんの自立自尊の精神に感動する。

学校教育は受けていないが、彼女には地底の暗闇から生まれた学問がある。なによりも個を大切にした。労働者より坑夫の呼び名を愛した。思い出すと無性に会いたくなる人だった。

「筑豊炭田の女坑夫」

ノブさんはいつも私の中で元気に笑っている。

山本作兵衛「入坑（母子)」個人蔵　© Yamamoto Family

分けあって共に生きる

「人は我が身」の炭住の暮らし

「うちの母ちゃんな、もう風呂（炭坑の共同浴場）に行ったら帰って来やせんが」と夫を嘆かせた世話やき女がいる。よその幼児らを次々に洗い上げ、母親を手伝っているのだ。

わが家の雨もりは「バケツがあろうが」と放ったらかして、よその雨もりには目の色変えて駆けつける、いい恰好しいの男がいる。

新人の総菜売りがうじうじしていると、ラッパをもぎ取ってピープーと吹きまくり、町内に引き回してくれるおいさんがいる。

路地に置いた盤台に俄《にわ》か床屋のおいさんが座ると、髪の伸びた男の子は恐怖である。「ちょっと来い」と言われて虎刈りにされるのだから……。

炭住には何と多様な世話やきが多いことだろう。彼らはかつて地底の労働者だった。命がけで築き上げてきた働く者同士の連帯と信頼と、その人間と人間の深い結びつきがあってこその炭住の暮らしだと思う。

米がないと走っていけば、共同水道場で洗いかけたコメの半分を、ザアッとザルに入れてくれる。そんな分け合いが日常の暮らしなのだ。

勤続年数や職種の違いによって、多少の差はあっても、炭住はどこも皆同じ姿で、八戸、六戸、四戸など横に戸口を並べている。横へ広がる平場の家の住人は、その多くが九州各県や四国、広島などの農家の次男、三男であり、そのまま筑豊人になった人も多いようである。

地主と小作、家父長制の縦社会から、農村共同体のしがらみから抜け出して、自由人になった彼らを何のこだわりもなく受け入れてくれた炭住社会である。

高台にある社宅（職員用住宅）の縦社会とは違う。平場の横に広がる炭住は、玄関はいつも開けっ放し、「居《お》るねえ」と声をかけた時はもう入っている。「上がりい」と返事があった時にはもう、しゃあしゃあとこたつの前に座っている。七輪の火が残れば「熱っ熱っ」と言いな

がら並んだ戸口を持って回る。

夕食の膳を見回して、「ありゃこん子はうちん子じゃないがね」と言いながら、皿を並べてやる。「うちん子も、いつもよそがたでよばれよるとやきね、ハッハッ」と笑っている。女坑夫たちのそんな暮らしの声は、もっと聴きたかったと思っている。

「うちは学校の学問はしてないけど、この体が学問してきちょるきね。世間の理屈はようわかっちょるばい」

「掘った石炭は積まにゃならん。産んだ子は育てにゃならん」

「人は我が身」

炭住の女坑夫たちの、自分で自分にかけた女のかけ声である。「これが私の一生やったと」と言う。

老女たちの語りは聞けないが、なんで今になっても鮮明にその声が聞こえてくるのだろうか。

女の大力

今でこそ、こげなチンガラ柿のごとこもうなっちょるが、若い頃は十九カンもあったんきね。力が強かったタイ、仕事がどんどんできよったもんよ。片手に子供を抱き、片手で米一俵を肩にかついで帰りよったよ。男の勘場《かんば》さんがよう抱えきらんやったきね。ウチの力の強いとは評判になっとった。ヤマも人間も同じ、一盛《ひとさか》んの時がありよるタイ。

もう今は八十五にもなってから、足はこの通りよろよろしよる。好きな酒もやめてしもうた。まだ飲みたらんけど、軽い中気《ちゅうき》が出てから医者の先生が「酒やめな長生きができんよ」と言いなるきね、やめなならんタイ。

これ以上長生きして何するね。なあも楽しみがないよ。働きよる間中は、けんかばかりしよった亭主やったが、時には仏壇開けて言うちゃるよ。前ぶれしとかな、そっちで女《おな》ごでもこさえとったらまたけんかせなならんきね。「もういっときしたらそっちに行くばい、そん時は笑顔見せて迎えておくれ」

四国の愛媛から親と一緒に出てきたとよ。田舎者やき、炭坑の募集人にだまされと

チンガラ　小さい
十九カン　1貫＝3・75キロ。19貫は71・25キロ
米一俵　1俵＝玄米400合。約60キロ
勘場さん　掘り出した石炭の量を計る係員
中気　脳血管障害の後遺症。中風（ちゅうふう）とも言う。
募集人　手数料をもらい労働者を集めてくる業者
そげした　そうした
人車　入・昇坑の坑夫を乗せる鉱車
車道　炭車が通る坑道のレール

るタイ。炭坑は景気がよいで、女は木綿着物は着らんでいい、薄いべらべらした着物ばかり着とると言われて、持った木綿着物は恥かしいき皆置いて、着たきり雀で炭坑に来てみたら、何のことがあるか、絹物着た女ごは一人もおりゃせんが。まあ裸で働くから着物は着らんけどね。男でも着物はひっかけたまま、帯もせんで歩きよる人がおったが、こげな変な人は田舎にはおらんよ。

親が小ヤマを移り替わりしよったき、学校は十何回くらいも替わったよ。旅から旅の渡り鳥タイ。

木屋瀬《こやのせ》の宮の下で、十三の年に坑内に下がったのが初めで、親が下がれち言うきそげした。アーもスーもない。言われるままタイ。人車《じんしゃ》なんて乗らんよ。車道の横通って、人間も炭車も一緒の所を歩いて下がりよった。カンテラヤマやき、四十分ほど歩いて切羽《きりは》に着く。深う下がるとしても断層までしか入られんもんね。

体がまだこまいもんで、ハコの後からテボかろうて出て来たら、「おーびっくりした。カンテラが歩きよるごとあるやないか」と、小頭《こがしら》が笑いよんなったきね。それが十九カンの大力女になったんよ。ろくなもんは食べとらんとにね。

結婚したとは十九の時。相手は赤池炭坑の大納屋におったので、ウチも赤池さへ行ったけど、親と一緒に下がりよった木屋瀬のヤマと違うて、ここは政府のヤマやろうがね。上がり下がりの時間も定まって自由にはならんし、何かなじめんヤマやった。好かんと思うて行きよるとろくなことはないが。三月《みつき》もたたんうちに、一生忘れき

カンテラヤマ　明り採りにカンテラしか使わない小ヤマのこと

こまい　小さい

テボ　竹を編んだ背負い籠。小ヤマは坑道が狭く天井も低いのでテボに頼った

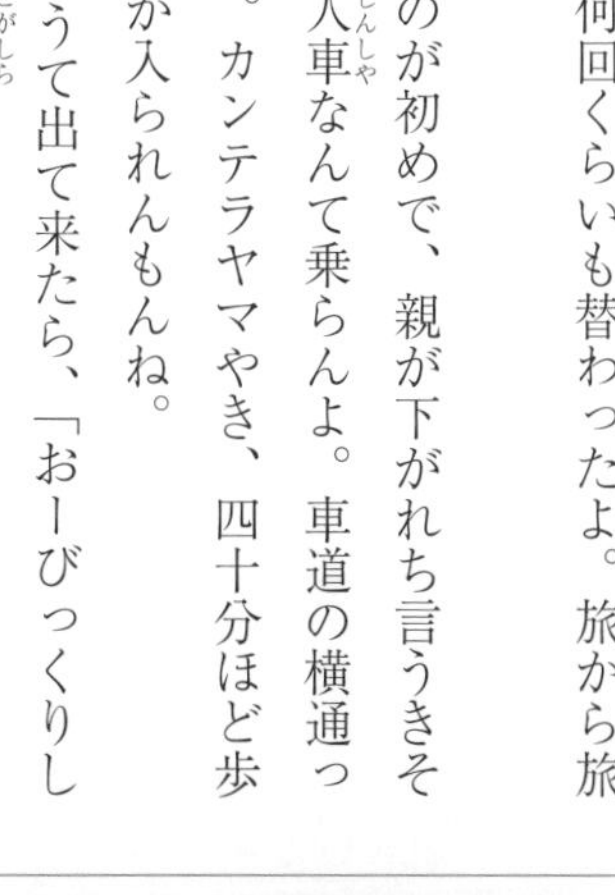

鞍手町歴史民俗博物館提供

小頭　現場の下級係員で坑内小頭とも言う

大納屋　単身者を収容する住居。家族持ちを収容する住居は小納屋

政府のヤマ　官立という意味ではなく、設備の整った大手の炭坑の意味

らんげな目におうたタイ。

　本線が高バレして、そのボタをのけなならんと。ウチは掻《か》き板でエブに入《い》れ方《かた》しよったが、運び方の十七、八の兄ちゃんが「おばさん、代わってやるばい。いっとき腰伸ばしない」と言うてくれるっタイ。初めは断りよったけど、その人があまり言うてくれるんで、ウチは交代して運び方になった。そして四、五回ほど抱えた頃やったろうかねえ……。ガダーッと天井が落ちてきとるタイ。ハッと振り向いたらその人が見えん。バラバラ、バラバラ、ボタが落ちてきて、目も口も開けれんごとあるタイ。

「ケンが埋まったぞー」「ケンっケンっ」と口々におらびながら、皆でボタを掻き出しよったら、近くにおった両親が顔色変えて来て、やっぱり親やが、岩の間にあった息子の顔を探し当てなったきね。

「しっかりせえよ、すぐ助けてやるき、ケンっケンっー」と顔をさすりあげて、名前を呼びたてなると。「ウーン、ウーン」と、うめき声が返事タイ。

　皆で岩をこねあげて、抱え出した時はまだ息があったけど、上がりつく前にとうとう死んでしもうて……。

　もし交代せんやったらウチがしまえとるばい。ウチの身代わりになって死んだと思うたら何とも言われんで、へたりこんでしもうた。おっ母さんが息の切れるまで名前呼んで、顔をさすりよんなったきねえ……。

　死神がついた者と離れる者はどこで決まるとやろか、人間の考えじゃわからん。

　葬式がすんでも、ケンちゃんの姿が残って仕事に出ろうごとないけど、いつまでも

高バレ　坑内の天井が大きく崩壊すること。大落盤
入れ方　石炭を入れ物に入れる係
運び方　石炭を運ぶ係
おらびながら　叫びながら
こねあげ　精いっぱいの力を入れてもちあげること

よこわれんで、六日めに坑内に下がったと。それけど、そこを通らな先へ行かれん所たいね。

気にするなと言われても、気にせなおられんよ。背中が寒うなって、髪毛《かみげ》が一本立ちするごとあって足がガツガツふるうとタイ。とても仕事のだんじゃなかったバイ。とうとう、その晩から熱を出してウチは寝込んでしもうた。「こりゃケンちゃんがついとるバイ。ケンちゃんの仏風《ほとけかぜ》におうたバイ」と思うて、拝み所の坊さん呼んで拝んでもろうたりしよったら、ケンちゃんのおっ母さんが訪ねて来て言いなったタイ。

「ケンはまだ十七バイ。早死にけどが、そげな運やき、こりゃもう諦めなならんタイ。親にもよう加勢してくれた優しい子やったとバイ。人に取り憑《つ》くげな根性はもっとらんよ。あの子はもう仏になったとバイ。誰に取り憑いたりするかね。早よ仕事に出ておくれ。それが一番供養になるとタイ。代わろうと言うたのはあの子やき、あんたのせいやないよ。この上あんたが寝込んだら、私も寝込もうごとある」と泣き泣き言うて聞かせなるやろうがね。ウチは頭が上がらんやったよ。

それから半年ほどして、ウチはまたえずい目に遭《お》うたタイ。ガスの火が吹いたと。ドオーッという音と一緒に火風が走ってきて、それがまた戻っていった。四、五人で押し開けなならん扉が火風の勢いで開くとやき。ウチはハコの下に伏せて、手拭いを口の中にくわえとった。この風を吸うたら肺が焼けるとバイ。親からいつも聞きよったきね。

だんじゃない　〜してる場合ではない、そういう状況ではない
仏風　死者からの呼びかけ
えずい　恐ろしい
ガスの火が吹く　坑内のガスに引火して爆発し、火が爆風と共に坑道の上部を走り、突き当たってはまた戻ってくる。そのため、その場にいた坑夫はできるだけ姿勢を低く座り込んで身を守った

この時は二人死になった。女ごは飛ばされて額を割られて、男の人はシャツごと焼け焦げとったという話やった。ウチはその時ハコ押しよったき、ハコの下に入って火風をやり過ごしたが、生きた心地がせざったバイ。

いよいよここが好かんごとなって、よそに行くごとした。命あっての物種タイ。政府のヤマかしらんが何がいいか。ウチゃ安全灯ヤマよかカンテラヤマの方が好いちょる。

親はいつもカンテラさげとった。その親について回ったが、なあもえずい目にゃ遭わんやったもんね。

赤池から鯰田《なまずた》、伊岐須《いきす》、新入《しんにゅう》、大之浦……。そのあと小ヤマばかり何ぼ所に行ったんか、よう覚えとらんバイ。ヤマも様々バイ。大之浦のごと電気が明々ついて、町の中のごとした立派なササ部屋があって、こらどこで石炭掘るとやかと、キョロキョロするげな所でも、切羽に行ってみれば小ヤマも一緒タイ。どこのカラスも色は黒いよ。

木屋瀬のヤマは暑かったねえ。唐芋をボタの中に埋めとったら焼き芋ができた。ナマ木の坑木を置いとけばカラカラに乾いとる。ハコ押して捲立《まきた》てに出たら、いっときひっくり返っとかな、暑うてもてんタイ。弁当食べる前は水ために入って体洗うけど、すぐ汗でベトベトになるき、しまいには着たままザブッと浸りよった。

天井が低いでね、床下で仕事しよるげなもんタイ。ガニの穴よ。カンテラは口にくわえて這い回らな、身動きできんごと狭いき。八ヶ月腹でスラ引いてみなさい、腹こ

安全灯ヤマ　設備の整ったヤマ
安全灯とは二重の金網で覆い、外部の可燃性のものが火に引火しないように設計された坑内照明

ササ部屋　坑内係員の事務所。笹部屋とか書写部屋とも書く

どこのカラスも色は黒いよ　場所はかわっても本質は同じ、どこに行っても同じのたとえ

捲立て　本線（主要運搬坑道）から曲片（かねかた・水平坑道）への入口。棹取りが空バコを曲片に入れてロープを切り離し、石炭が入った実バコに連結しかえて捲き上げる場所

もてん　我慢できない

ガニの穴　カニの入る穴のように狭い場所

八ヶ月腹　妊娠八ヶ月の大きなおなか

寝掘り　坑道が狭く立てないので、寝た姿勢で掘ること

卸　斜坑坑道

すりよった。天井に荷がきて下がったら背中こする。その痛さはたまらん痛かったバイ。

先山も寝掘りせなならんが、横むくとも難儀なもんよね。首が真直《まっすぐ》にあげられんで、いつも傾けとかなならんと。リンゴ箱ぐらいのスラに積むのに、寝とってエブだけ差し込んで石炭を入れよったんきね。

わが五体もままならんげな狭い所でスラ引いたよ。犬、犬も勝たんバイ。卸《おろし》からはセナで登る。撞木杖《しゅもくづえ》は手のひらの長さくらいで、その杖ついて、前、後ろ背中で担《にの》うて、ふっふふっふ登ったバイ。ウチはその頃十九カンあったが、ようあげな狭い所で働いたことタイ。我ながら呆れちょるバイ。

亭主が働いたり働かんやったりするき、ウチはいつも他人先山と下がりよった。くされ亭主を当てにしよったらアゴが干上がる。ウチはいつでも、六カン、七カンは積みきりよったき、先山が放さんとタイ。ほかの後ムキは積みきらんやろがね。

働く以上は金にならなタイ。ウチも下手な先山と行くよか一人で切り出した方がいいと思うて、ツルハシ持って行きもしたバイ。天井をツルの柄で叩いてみて、ドンドンとやおい音の時は、はぐって落とす。カチンカチンの時は、マイトの穴刳《く》るタイ。ノミを股くらにはさんで、チンカ、チンカと刳りよっちょらあね。

亭主が変ちくりんのすかぶらやったきね。飲んだり、打ったりするうえに、ゲッテンとねじれるとグヂグヂ語るとタイ。良い所は何もなかったけど、まあ時々には思い

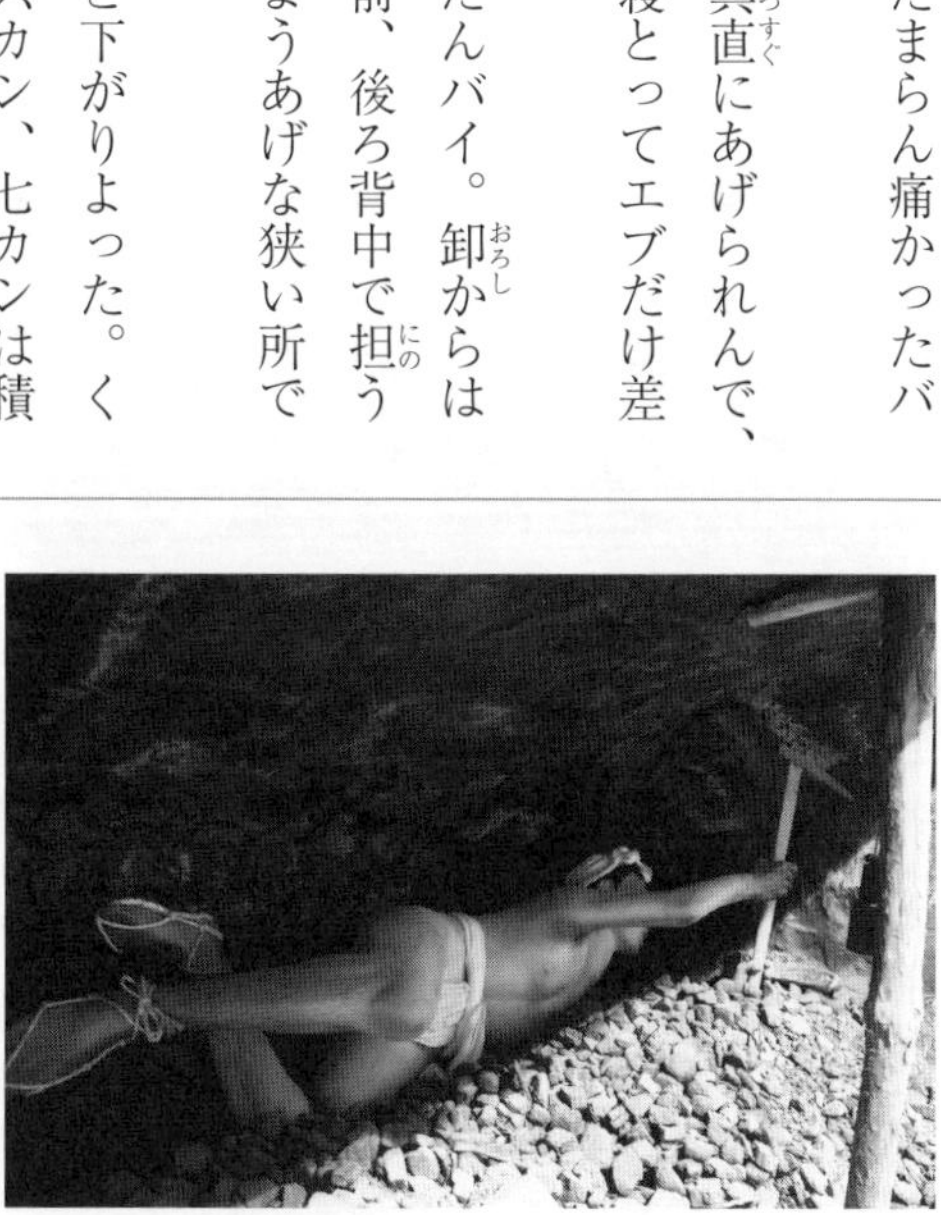
寝掘り。鞍手町歴史民俗博物館提供

撞木杖　スラを引く時の杖で、直径約5センチ、長さ15～20センチの小さなピストル型の杖。撞木とは仏具の一種で、鐘、鉦（たたきがね）などを打ち鳴らす丁字形の棒を言う（78頁参照）

やおい音　柔らかい音

マイト　ダイナマイト

ゲッテン　かんしゃくを起こす

出したごと仕事にも行きよったねえ。それが、働くと言うたら、夜中の二時でもツルハシかたげて行きよるタイ。ウチは子供預けたりして五時には下がるタイ。なんぼ遅いでも五時には行かな朝バコが取られんき、寝起きの子を引き立てるごとして預けに行くけど、やっぱ可哀想にあるよ。走り走り切羽に行けば、もう石炭がこ積みあがって待っちょる。早よスラ引かなタイ。

亭主を二時に出すちゃ、ウチは寝る間はないよ。子供をそおっと負うて、泣かせんごと御飯の用意をする。泣かせたらケチがついたとか言うて仕事をよこおうとするきね。男は食べて出て行きゃそれでいいが、女はそのあと先があるきね。

夜中やろうが店に行きゃ何でもある、寝ちょるまに御飯ができたり、洗濯できたりする時代やないとバイ。子供には縫うて着せな、洗濯は水から担《にの》うてこな、炊事は火をおこさなならんと。そして金も稼いでこにゃ食うてはいけんし、ウチたち女ごは本当苦労しちょらあね。炭坑は男が大将の時代やった。ウチでも子供が六人、ハナたれかぶっておっても、亭主は一人者のごと涼しい顔して、柄杓《ひしゃく》の水一杯も汲んで加勢するげなこたなかった。

ウチの力の強いとは少々じゃない。評判やったと。女相撲がありゃ横綱張っとるバイ。どまぐれバコ直すとに、二、三人かかってナル木を突っこみ「ヨイシャ、ヨイシャ」と言いよるタイ。ハコ一カン起こすとに、何でヨイシャを言わなならんか。枠柱を踏まえつけといて、背中でウシッとハコかかえあげてやったら、一ぺんで脱線が直

こと

どまぐれバコ　脱線した炭車

ナル木　枠入れ作業や天井壁を囲う時に使用する小さい坑木

るタイ。そげ大騒ぎすることかね。

「おまえは本当に下げ忘れやのう、オヤジんと取りあげてぶら下げとけ」と、小頭がよう笑いよんなったタイ。ハコ入れるとに、二カン押して行きよったきね。亭主は一カン押しよる。ウチの大力が面白うないもんで、偉そうなことを言うタイ。

「おまえ、女ごのくせに二カンも押すな。俺だっち、そのくらい押しきるわい。俺が押しきらんとでも思うとるかっ。代われっ」

「よしきた。この二カンはあんたにまかせるバイ」

カラバコ一カン押すくらい、ウチは片手タイ。ばたばた石炭積んでしもうて、待っても待っても、あとのハコが来んやないね。しびれ切らして行ってみると、途中の所で亭主がハコにもたれかかってよこうとるタイ。

「こげなカラバコ押すとが、そげえきついかね。もうウチが押すき、そこ、のきない」。腹たちまぎれで押し出してやったら、「こげな人見て動くげなクソッタレバコをどこから取ってきたかっ。おまえが悪い」。ハコにケチつけて、ゲッテン回して、八つ当たりしよるタイ。

「なしおまえは女ごのくせにクソ力があるとかっ。おまえ一人で働けっ。俺はもうやめた。今から上がるぞっ」

ああもう、上がるなと下がるなと、好いた方さへ行け。こげなクソタレ男にうてうておられんきね。ウチが大力で何が悪いか。取って投げようというじゃなし、この力があるきこそ、人よか余計の稼ぎができよると。読み書きもできんで、力仕事しか

のきない　どきなさい

うてうておられん　相手することはできない、かまう余裕はない

できんウチに神様が授けなった力タイ。ありがたいと思わなねえ。

ウチはこまいこと言うとは好かん。酒もよう飲んだけど一升飲んでも性根は取られん。高下駄はいて、一本橋渡って帰りよった。亭主も呑み助やった。どんだけ金つっこんだもんね。けどウチはたいがいのことは目をつぶっちょった。仕事をノソンしても上がり酒は欠かしたことはないよ。ただジルジルのみ続けてズル休みが続くとは好かんタイ。これが亭主の悪い病気やった。働かんで飲む酒が何でうまかろうか……。

飲み屋によか馴染みができたふうで、いつも行くごとなった。また病気が出たか、こりゃ治療せなならんと思うたタイ。

働く金はウチと五分五分か、ウチの方が多いとに、何でウチだけ指くわえて見よかななならんかね。今にみちょれと思うてねえ。錦紗《きんしゃ》の着物借りて、髪も結うて、おしろい塗りたくって、友だち二人誘うてその店に上がったタイ。三つ部屋があり、亭主は向こう端、ウチはこっち端、中は会社の役人衆がおったんよ。その人らはウチを仲居さんと間違うとる。男はどうしたバカかと思うたバイ。いつもの炭化粧の顔におしろいつけて、こんにゃくの白和《しらあ》えげな顔でも、女がおれば機嫌がいいで、「さあ、歌え、さあ、飲め」とたいそうに賑おうたタイ。チラチラ見る向こうの亭主も、いつも腰巻姿のウチが錦紗の着物に化けとるとは知らんで、酔いたくれとった。そして帰るごとなった時に、帳場へ行ってこの勘定を全部亭主のツケにしてもろうたタイ。役人衆の分もみんな一緒よ。あとは知るかね。

ノソン　入坑しても仕事をしない、また仕事を途中でやめて昇坑すること

錦紗　表面に細かいしぼのある絹織物。

一ヶ月働いて、最低でも八千円くらいになる頃やったが、そん時の散財は二万円近かったき、亭主は青うなってしびれとるタイ。実際は半分ですんだけど、それでも一万円の金を飲みこんだことになるやろう。ウチのことはすぐバレたけど、けんかしても力じゃウチが勝つ。負けはせんよ。

借金払いで亭主もいっときは働かなならんごとなり、そのうちだんだん、飲みに出ていかんようになった。考えてみたら、自分ながらアホらしゅうなったんじゃろ。

亭主の博打《ばくち》もやめさせたバイ。昔の炭坑は博打がはやりよったきね。亭主もひと頃のぼせてしもうて、出て行ったまま帰らん時が多かったけど、こっちは探しもせんタイ。女たちも、スボ引き、マメ握りとかしよったけど、アミダくじのげなもんタイ。ハコ待ちの時に手拭いでくじ引きして遊んだりもしよったねえ。

男がおってもおらんでも、ウチゃ働きよった。坑口に行きさえすれば、先山はだれでもおるし、一人で行っても、マイトの穴刳っとけば小頭が火をつけてやんなる。仕事にアブレることなかったバイ。石炭の金は先山と半分わけでもらう。これは所帯の金タイ。石炭を出してしもうた後は居残りして、一枠入れて帰りよった。この金は手をつけんでウチのますぼりに貯めるタイ。たもとグソまで持って出るげな博打狂いがおるき、どこでも隠されんやろ。外の流しの下にツボを埋めて、それに小銭を入れとった。それを踏んで炊事せん時は火消しツボをその上に置いとったタイ。

そのうち亭主が青うなって帰ってきた。博打の打ち掛けこさえて「百円の金を作っ

スボ引き　ワラスボを利用したクジ引き。待ち時間の楽しみ方のひとつ

マメ握り　大豆などを手に握り、数をあてる遊び

ハコ待ち　空いた炭車を待つこと

山本作兵衛「むかしヤマの女17（函取りのくじ引き　女の髪型）」
田川市石炭・歴史博物館蔵
© Yamamoto Family

一枠入れる　簡単な枠を急ごしらえで作り、そこの石炭を掘

てくれ」と泣きついてきたタイ。ウチは打出《うちで》の小槌《こづち》や金のなる木やないバイ。金のはんごなんちしきらんと言うてやったけど、その金ができな刃傷沙汰《にんじょうざた》になるち言うたいね。「博打せんと証文書くなら、証文をカタにして金作ってきちゃろうが、どげするね。それがいやなら仕方がないき、手でも足でも切り落とすがいいタイ」というげなわけで、ウチは証文とひきかえに、ツボの金を出してみた。八十二円ほどあったき、足りん分は借りて百円にして、酒一升つけて亭主にくれてやった。子供に遣い銭もやりきらんで貯めた金バイ。ついて行こうごとあったよ。

「お前のますぼりなら証文書くとやなかった。だまされた」と、あとで亭主のヤツは文句言いよったが「誰のおかげで、まともに指が動くと思うちょるかっ」と言うてやりよるうちに、しぜんと博打の深打ちはあんまりせんごとなったきね。

ウチは酒も手遊びもやめれとか言いよらん。坑内仕事はやっぱりきついよ。金もうけか死に目かで何があるかわからんとやき。ちいたあ遊ばなタイと思うちょる。けど、が、女も同じごと働いて、なして男だけがどまぐれるとかねえ。引きあわんと思うバイ。

戸口にむしろを下げたげな納屋があった時代から、炭坑がしまえるまで働いてきちょる。小ヤマばかり行ったきね、切羽もいいこたないよ。ガスが多うて気分が悪うなったり、カンテラの火がボーと消えてしもうて仕事にならんやったり、それでも人よか十銭もうけろうと、それがたのひどい仕事してきたよ。傾斜の激しい受けズラは、

って自分の石炭にした

ますぼり　へそくり

火消しツボ　引火しやすくするため使われた消し炭（木の燃え残り）を入れるツボ。七輪をおこすときなどに使われた

金のはんご　お金の工面

どまぐれる　道を外す、モラルに反する、放蕩する

それがた　それ相応の

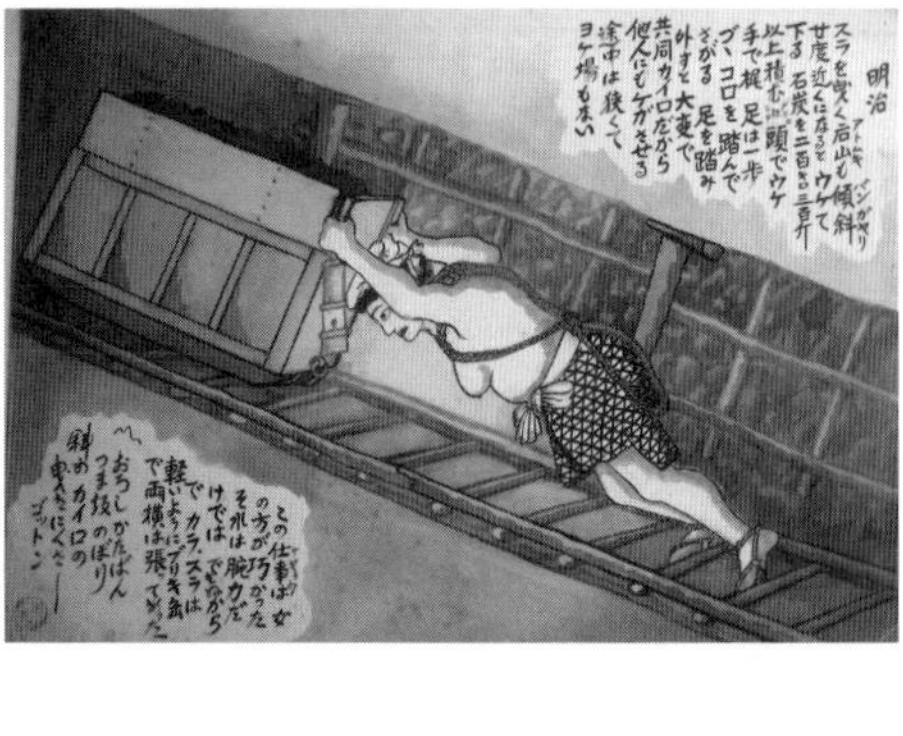

山本作兵衛「スラを引く後ヤマ」個人蔵 © Yamamoto Family

両ヒジで受けて下がりよった。カンテラは口にくわえて、歯はガタガタタイ。柱つかまえて登りよってもすべりこけるげな所でも、ショッション、ショッション、テボかろうたバイ。

　十九カンあった頃は、天花粉《てんかふん》は顔につけんで股くらにつけよった。汗でむれてこするタイ。痛いとか言うちゃおれん。

　ヤマの大盛《おおさか》んな時は、諸所方々から働かしてくれいち言うて人が集まってきたとバイ。それがあんた、ヤマがつぶれるちゃ哀れなもんタイ。ここに残ったもんは、年寄りと野良犬と、無花果《いちじく》の木と、あの黄ないセイタカアワダチ草ばっかりち言われるごとなった。ウチは外に行き場がないき、炭坑にかじりついて、つぶれてからでもここで働いたきね。盗人掘《ぬすつとぼ》りしたり、洗い炭したり、ボタ拾いしたり、若松の港に石炭の荷揚げも行ったよ。

　盗掘ちゃ、先山二人に後ムキ三人で、トラック二台だけイシ《(石炭)》を出しよった。倉庫げな小屋建てて、床下はぐって坑道さへ入りよったタイ。二十日ぐらい掘ったかねえ。大きなスラを二人で押したり引いたりして、上まで引き出しよった。一人は積み方してね。バレて死んだちゃドロボーしよるとやき、一銭がたにもならんタイ。それでも、これしか仕事しきらんとやき……。

　月夜の晩だけテボでからい出す狸掘《たぬきぼ》りにも行ったバイ。小ヤマの掘り残しの炭を盗るんき。切羽から坑口まで十間ばかりけど、坑口から貯炭場まで百間ばかりもヤマを下らなならんちゃ。あとは馬車がひいて行くタイ。夜明けまで十五カンはからい出し

受けズラ　頭でスラを受けて水平坑道までの傾斜坑道を引き下げながら進む態勢
ショッション　せっせせっせと
天花粉　ベビーパウダー
盗人掘り　無許可で石炭を掘ること、盗掘
洗い炭　36頁本文参照
ボタ拾い　ボタ山の捨石の中からわずかの石炭を見つけて拾い集めること
若松の港　筑豊炭田で産出された石炭は鉄道で若松駅まで運ばれ、船に積み替えられて日本全国に輸送された。若松港は日本一の石炭積出港として繁栄した。筑豊の炭坑が閉山する時期と前後して外国からの安い輸入石炭が大型貨物船で輸入され、輸入港としての役割も果たした
狸掘り　何の設備もない零細な採炭形態。曲がりくねった坑道が狸の巣穴に似るためこの名がついたという説もある
十間　約18・2メートル

よった。十カンぐらいなるとわらじがすり切れるきね。替えわらじをはいて、山を下りたり上ったり、坑口からテボかろうて出たり入ったりしよれば、人間か狸か、狸の方がたまがっちょろうタイ。廃坑の盗掘やき保安もクソもないよ。金になったしこもうけタイ。

洗い炭は、ボタ山から原炭をとってきて、それを樋《とい》の中の水に流して洗うて、石炭を選び出す仕事タイ。四角いしゃもじのげな小さいスコで水をかきまぜながら樋を下がってくると。ボタは沈んで石炭だけが流れて樋の先に溜まる仕掛けきね。洗うた水は川に流すやろうが。川はまっ黒けのドベタン川になっちょらあね。

ボタ山の原炭掘りもきついバイ。五尺の大ヅル振ってボタ土を崩して、トラックに大スコで積むとタイ。息があがるバイ。

そげして働いても、拾い仕事は情けないもんたいね。悪いヤツがおって、給料も払わんで逃げよる。金主が悪いんか、現場係が悪いんか、結局ひっかけられてしもうた。そげなワルが、今でも議員とか役人とかで顔がきくんきね。世の中おかしいバイ。

小ヤマのしまいがけは哀れなもんよ。賃金ももらいださんで打ち捨てられて、坑夫がどれだけ難儀したかね。「暗い谷間」ち言われたけど、電気代を炭坑が払わんき、電気も止められて、本当に暗い谷間やったタイ。

戦争に負けてから、マッカーサーの命令で女ごは坑内に下がられんごとなったけどが、ウチはずっと下がっとったバイ。マッカーサーが養のうてくれるわけやなし、こ

貯炭場　ホッパー。貨車に石炭を積み込み出荷する施設

スコ　洗炭婦が使うかきまぜるための平たいスコップ

ドベタン川　石炭を洗った後の水で濁った黒いどぶ川。「ぜんざい川」とも言う

原炭掘り　ボタ土を掘ること

金主　事業主、資本家

暗い谷間　１９５０年代後半から炭坑の閉山が相次ぎ、多数の失業者が出た。困窮を極める生活や巨大な廃坑、鉱害などが大きな社会問題となったため、昭和39（１９６４）年の福岡県母親大会で「炭鉱離職者助け合い運動」が決議され、翌年3月まで「黒い羽根運動」が全国各地で実施された。上野英信『追われゆく坑夫たち』と土門拳『筑豊の子どもたち』（共に昭和35年刊）の2冊は、当時の筑豊の現実を記録する

げん所の小ヤマの石炭掘りは、女ごも働かなとてもやないが食べてはいけれんかったタイ。

役所がやかましいき、女坑夫はみな男名前で帳面につけられると。自分の名前が何やったか覚えもしとらんけど……。

戦争がありよる間は、男の手が足りんでお国のためやきち言うて、女ごも連勤、連勤で働かせたとバイ。子供がはしかで寝とっても休まれん。休みよったら労務が来て、いやも言わさんで繰り込まれるき、男の代わりになって働いた体に、今度は名前まで男名前つけられて……金だけは八分で女タイ。それでも働ける間はよかったけど、だんだんあっちこっちのヤマが閉山になってしもうて、二十九年の冬、どん底やったね。金もない、食べ物もない。坑主は逃げてしもうた。

炭坑はみなつぶしてしまうとげな。国が炭坑を買い上げて、その金で今までの賃金を払うとげな。そら、いつのことになるかわからん。金は本当にもらえるやろか。うわさばかりで本当のことは何ひとつわからんまま、土方仕事に行くやら、飲み屋に稼ぎに行くやら、ボタ山に石炭拾いに行くやら、食べ物のはんごせなならん女ごは皆泣いちょるよ。会社は金券しか出さんタイ。金券が出ても売店に品物がないとバイ。おから一玉買うのも隣近所けんか腰で買わなならんタイ。おからが御飯やったきね。子供に弁当持たされんタイ。

ウチは両親について小ヤマを転々したき、学校はいつも子守りかたがた行ったり、休んだりしよった。戸口小学校廊下組タイ。せめて子供たちは教室で、読み書きだけ

連勤　休日をはさまずに連続して働くこと
閉山　世界規模で起こったエネルギー革命により、1960（昭和30）年以降、燃料の主役は大量に安く供給される石油へと移り、炭坑も次第に閉鎖されていった
はんご　調達
金券　各地の炭坑で賃金支払のために使われた私製の紙幣。炭坑直営の売店や指定店だけで通用し、毎月決められた交換日に現金と引き換えることができたものの、急に現金が必要な場合は高利貸で両替してもらった。他炭坑への移動を制約する手段にもなった

はできるごとしてやりたいと思いよったけどが……。弁当のない子は運動場に出て、遊ぶしかないやろ。そのうち学校休むごとなって、ボタ拾いしたり、陥落（池）に魚釣り行ったり、畑のくず芋拾うてきたりするちゃあね。

親が廊下組で、子供は運動場組、ボタ山組タイ。笑い事じゃないバイ。情けないよ。十三の年から坑内に下がって、ウチはどんだけ石炭積み出してきたもんやろか。それのに、雪の降りこむ炭住には火の気がないと。拾い炭はたった一つの売り物やき、家では燃やせんタイ。早よから寝とったよ。

ふとんもないで蚊帳《かや》巻きつけて寝とった人が、寒さに負けて、ガンガン七輪で火を燃やしだしたタイ。火事かと思うて集まってきた者も、だれともなしに「燃やせ燃やせ、どげかなろうタイ」ち言うて、空き家の古板を引っぱがして、石炭を持ちよって、火にあたりながら夜明かしたこともあったきね。

そのうち、若松に輸入石炭の荷下ろしに行くごとなった。オールナイトちゅうて、一昼夜の仕事タイ。近くの人に連れられて、朝一番の汽車で若松港さへ行って待っとると、手配師が来る。今日一日アブレんごとと思うて、ハイッハイッと手を上げておると、手配師が欲しい人数だけ、その手をパチパチ叩いて行くタイ。それから艀《はしけ》に乗り、貨物船まで行きよった。膝までのモンペをはき、胸はサラシをまいて締めあげた裸で、髪はすっぽり手拭いで包んで、向こう鉢巻きタイ。体中真っ黒に粉炭かぶって、「男か女か、ひっくり返してみらなわからんバイ」と笑いおうて、船底の石炭積みしよった。

陥落池　石炭を採掘した後の空洞が地盤沈下を起こし、そこに雨水が流れ込みできた池。田畑や住宅も沈んでいった

教室の戸口か廊下組・運動場組・ボタ山組　子守りなどのために教室に入らず、戸口や廊下、運動場、あるいはボタ山ですごす児童。勉強よりも家の生活者としての役割を背負わされていた

ガンガン七輪　ブリキ缶を利用した炊事暖房兼用の七輪。「がんがん」とも言う

垂直のはしごを降りて深い船底タイ。クレーンが鎖で編んだモッコをガーッと下げるき、四方からそれに取りついて平らに広げ、ザクッザクッとスコップで石炭をすくいこむと。十人が一組の女ばかりで交代しよったタイ。みんな気を張ってよう働いたよ。腰伸ばす間もない忙しさで、石炭を山積みにしたら、モッコの四隅をクレーンの鉤《かぎ》にかけて引き上げさせるタイ。息つぐ間もないよ。次のクレーンが下りてくるき、たちまち石炭を山積みする。そらあもう、ぐずぐずされん。横の者も押し倒すげな勢いで、大スコ握っちょった。それが一日一晩中続くとバイ。

真っ黒い汗が流れ落ちて、黒い鼻をかみ、黒い唾《つば》を吐き、もの言いよりゃ口の中がザラザラするタイ。今が何日やら何時やら、ボーとなってわからん。時分頃になると、竹の皮に包んだおにぎりが三つ差し入れがあったきね。これが時計のかわりタイ。

「船が停まっとる時間に終わらせなき、とにかく早よ片付けな。揚げきらんやったら、もう雇うてもらえんごとなる」ち言うて、一生懸命やったとよ。

一晩中働いて、次の朝帰る時は、みんな萎えたげな顔しとったけど、船底から上がって海の風に当たったら、ふーっと大息ついて目が覚めるごとあったね。十人が皆炭坑で同じ苦労しよるき、励ましおうて働いたバイ。おかしいもんよねえ。地の底の石炭は掘られんごとなったとに、ハッチの下の船底の石炭を積まなちゃ。なしそげなったかタイ。

子供たちは次々に町へ出て行ったが、学校させてないき、役人にはなりきらんタイ。

すまんと思うとるよ。せめて子供の世話にならんごとせなと、一人でずっと働きよったけど、もうだめタイ。病気になっちゃあね。それでも、見てみんね。株たんのげな手やろが。働いた手ばい。病院の看護婦さんが「長う働いたんやき、今度から元気になって楽せなねえ」と言うてやんなるけど、もうあの世が近いき、楽する間はないバイ。

長生きのおかげで、今の楽な世の中に出合うた。ボタかぶって死なんでよかったと思うてみたり、いいや、一日散にしまえとった方がよかったろうかと思うてみたり……。

早死にしたたちゃ、長生きしたたちゃ、ウチの一生はどっちみち働くばかりで、なあもいいこたありゃせんタイ。

株たん　木の大きい株のごつい形

三菱新入炭鉱第六坑（昭和30年代）

けんか女

老人センターに行くとが毎日の仕事げなもんタイ。その前に神経痛の病院に行って、電気にかかってから、ぼちぼち歩いて行くと。病院にゃたいてい年寄りのどしがおるき、たらたら話しながら行きよったら、すぐ着きますタイ。センターで風呂に入って、弁当食べる時に焼酎をちぃと飲んで、天照ちぃうとしか飲まんですきね、テレビ見たり、寝たりして遊んで、三時に出る送りバスで帰ってくるとです。一人暮らしの婆さんをこげして一日遊ばせてもろうてから……。よか時代になっちょるバイ。

亭主にゃ三人死に別れ、子無しですき、さっぱりしたもんです。いよいよの時は、大阪の弟が「見ちゃるバイ」と言うてくれよるが、しまえるごとなって見てくれたっちゃね、生きとるうちに一ぺんでも天照一本下げて来んかいと言おうごとあるよ。

私のごと家族のために働いた女はおらんやろ。昔の女はそうするもんになっとりました。体まで売って尽くして、年取ったら役場の世話になって暮らさなならんとですきね。愚痴言うても何にもならん。いい飯食うた時もあると思うて、いつでもころっと死なるるごと、貸し借りないごとしとかなタイ。

いよいよ立ちぃかんごとなったら首でも吊るタイ。けど山ん中には行かん。役場の

電気にかかって　電気治療を受けて

どし　同志、友達

役場の世話になって暮らす　生活保護を受ける

前でぶら下がると言うたら、「その時は知らせない。下から足ひっぱって、早よ逝かれるごと加勢しちゃるバイ」。私の友だちはこげんとが多いよ。皆炭坑じゃ一苦労してきとるきね。口は悪いけど情が深いとよ。付き合うてみらな、わからんタイ。

十八で私を産んだ母親は男運が悪いで、私は実の父親を知らんまま、婆さんに可愛がられて育てられた、婆さん子やったと。母は結婚して四人の子持ちになり、義父がヨロケで寝込むようになったので、私は母の所に戻り、十四の時から他人先山《さきやま》について坑内に下がるごとなったとです。体が大きいで、十六と年をごまかして。切羽《きりは》まで百間《ひゃっけん》も歩かなならん所やった。それもカラ五体やないとバイ。カンコヅル三、四本、カスガイ、ノコ、金札《かなふだ》、弁当……。弁慶の七つ道具のごと持って行ったら、手が抜けるごとあったです。

十六、七は娘盛りで、体もぼってりして色が白かったんよ。正月には、牛若丸のげなマゲを高輪《たかわ》に結うて羽根のカンザシをさすと、近所のおばさんが「まあ、シイちゃんはどうしたよか女ごになったね。柄が大きいき見栄えがするバイ」と立って眺めよんなった。アブの目ん玉持って芝居見に行ったり、羽根ついて遊んだり、夢のごと楽しい正月をした年がたった一年あったぎり。その年の九月には一緒に連《つん》のうて行きよった一つ下の弟が、坑内のガス爆発で死んでしもうた。そして次の年には、私は身売り奉公に出とりましたき、もう二度と楽しい正月なんち迎えるこたなかったですバイ。母はまだ乳呑子を抱えとったし、義父のヨロケはだんだん悪うなっていくし、私と弟

ヨロケ　珪肺。じん肺。粉じんを吸い込むことによって引き起こされる、進行性で不可逆性の職業病。呼吸不全を伴う苦しい病気

カラ五体　何にも背負わず体ひとつの状態

カンコヅル　軽いツルハシ

金札　炭札（すみふだ）。坑内から捲き上げた炭バコに誰が石炭を積んだか検炭場で識別できるように一ハコごとに取り付けたブリキ製の番号札

アブの目ん玉　五十銭

が家の米びつやったとです。
　体が大きく、よく働く弟でしたき、その日も大人に代わって、オーガのみでマイトの穴刳《く》りさせられよった。まだ十五ですバイ。坑内に下げたマイトが二百発破裂して、坑口から黒煙が恐ろしいごと噴き上がったげなですバイ。そこは元々ガスの多い所で、払いに風道《ふうどう》も作っておらんと。風抜きもない所に酢をふったり、夏ミカン食べたりして入りよったちゃね。焼き殺されたげなもんですタイ。黒焦げの弟の体は、両腕をかきむしったあとの皮がむけて下がり、歯をくいしばっとりました。抱きつきもされん、焼き魚のごとなって……。雨が降り続く中での葬式で、先隣の、土佐から来た夫婦も死んで、八つの娘が五つと三つの手を両手につないで、じいっと両親の棺の出るとを見送りよったが、今思い出してもむげのうて、本当に悲しい葬式やったです。弟の死んだのが義父にこたえ、床につく日が多うなったんで、母も子供を預け、坑内に下がるごとなったです。

　その日、ハコ押しよって、後ろから突き当てられた私は、ハコのツノで足をはさまれたです。せまい曲片《かねかた》で、天井は荷が来て下がっとる。フケの方はすれすれ。カタがなんぼかすき間があるくらいやき、押し出されたら逃げ場がない所やったとよ。それに炭函が、七合から一トンに大きくなって、その木が生《なま》しいで、押すとが重たいちゃねえ。後ろのハコもやっぱり重たいき、ゆっくり来よった。それで大したケガにはならんですんだけど、まかり間違えば命取りやきね。後ろの者にやかましゅう言うてや

米びつ　白米を入れて保存しておく箱、生計のもとになるもの。生活費の稼ぎ手
オーガのみ　発破の穴をうがつ、小型モーター付きのらせん状ののみ
払い　広い切羽を採掘する方法、またはその場所。昇り払い、卸払いなどと言う
風道　坑内ガスを地上に出すための排気専用坑道
夏ミカン食べたり　夏ミカンに含まれる酸が坑内のメタンガスや一酸化炭素を消してくれるという言い伝えがあった。『なぞの方城大爆発』（織井青吾著、１９８１年、国土社）によると、大正３（１９１４）年、１０００人の犠牲者を出した方城大爆発の時には町中から夏ミカンが集められ、坑口から放りこまれたが、学問的には全く意味はなかったとある
むげのうて　かわいそうで
フケ　深。傾斜した坑道の低い

ったですバイ。

歩けん私を負うて帰ってくれたのが原野で、甲種合格のまじめな男です。七年後に、私はこの人と所帯を持ちました。

家に帰っても母が出てこん。礼の一言でも言うてもらわなと、這うて上がると、母も這うて出てきたです。ボタが当たって足の甲が腫れ上がっとりました。母は一番方で、私は二番方で、二人とも足はぐるぐるホウタイ巻きで、這いまわりよるとですきね。往生したですバイ。弟の一周忌もすまんうちに、この有様では、この先どげな目にあうかわからん。炭坑には長くはおれんと思うたです。母は足の甲の骨を折り、坑内仕事はできんごとなりました。私は三日よこうただけで、痛む足をひきずりながら坑内に下がったです。

私がおったのは、中山田の鈴木炭坑で、そこは八尺層のよか炭が出よったです。人道を三百間も下がり、本線に出て、そこからまた下がり、曲片に出て払いにつくとです。一払いに九十人からおったですバイ。炭が良いので、三菱に買い取られるごとなり、坑夫たちは改めて三菱に志願し直すことになったけど、小ヤマと違うて、髪一筋でもイレズミは雇わん。女も坑内には入れんごとなっとりました。

夫婦で働ける小ヤマの方が金になるし、上がり下がりの時間の自由がきくので、坑夫たちがよその小ヤマに散っていったです。原野は体力もあって、人物もよいので、三菱の直轄坑夫になり、私は斤先掘《きんさきぼり》の切羽でスラをひきよりました。義父は坑外日役の拾い仕事に行っては休みしよる。母はもう力仕事はできんとです。弟たちに何とか

方。卸方向。高い方はカタ
（肩）
生しい　乾いていない
甲種合格　兵役のための体格検査で最上級の合格者
一番方　8時間交替で一番早い時間に坑内へ下がる
二番方　一番方の後に、坑内に下がる

八尺層のよか炭　1尺＝約30センチ、8尺は約2・4メートル。高カロリーの品質のよい石炭
三百間　約545メートル

斤先掘　鉱業権者の下請け

目途がつくまで、あと五年の辛抱と思うて、私ゃ働くばっかりやったけど、先行きは暗いですタイ。原野から結婚の話もあったけど、私は色気も素っ気もなし。家のこと考えたらそげなだんじゃないでしょうが。そのうち、女子供は坑内で働かれんごとなって、女坑夫は皆クビになるという話が聞こえるごとなった。

どうするね、ウチは食べて行けんごとなるが、と思いよる時に身売り奉公の話があったとです。この先両親を養う自信はないし、家族のことを考えると私が決心せなですタイ。黒焦げの弟の死に顔を思い、あげして死ぬと思うたら、三年の辛抱ができんことはないと自分に言い聞かせました。三百円の前借金で、両親は炭坑から足を洗い、飲食店を出すという約束です。まわりの娘たちも何人かが、そうした町へ流れて行きました。炭坑が女を雇わんごとなったら、貧乏人の女が泣かされるとです。女は家族の煩悩が深いですきね。

本当の話は、原野が教育召集されたことで決心がついたとです。帰るまで待ってくれと原野が言うた時、待つと返事して喜ばせたけど、どげえ悲しかったもんかね。本当のことは口が裂けても言われんですき。原野がおらんうちに出て行こうと決めたとです。私は十七でした。

奉公先は彦島の萬歳屋という店で、ドックに入る船の男たちが客でした。ここですごした六年間の恨みは死んでも忘れんです。十八人の女たちの中で、炭坑から来たとは私だけやった。地の底は知っても、地の上のことは何にも知らんとですきね。小倉

女坑夫は皆クビになる　昭和8（1933）年「鉱夫労役扶助規則」が実施され女坑夫の入坑が禁止された。ただし小ヤマは女坑夫の労力に頼る状態が続き、戦時体制下では、公然と女坑夫が石炭増産を支えた。昭和22年「労働基準法」により女性の坑内労働は再び全面禁止となった。ここでは昭和8年の規制をさす

教育召集　旧陸軍で行われた教育のための補充兵の召集

彦島　山口県下関市の南端にある陸繋島。古来、関門海峡は交通の要衝で江戸時代から多くの遊郭があった

ドック　船の修理のための土木構造物

で大きな船を見て軍艦かと聞いて笑われ、初めて飲んだコーヒーの角砂糖を塩の固まりと思うげな娘やったとバイ。初めの十日は厳しいしつけを受けた。結うた髪をくずさんごと寝る箱枕が痛いで、くせがつくまで何度枕をけっとばされたことかね。人に話せる話やない、人間が変わるとです。私の取り分が四分、着物代や食費などが引かれるけど、一円の着物が二円で引かれても私にはわからんと。足を患《わずろ》うて長よこいした時は借金が五百七十円になったとです。仕置に耐えてやっと客の前に出されるごとなり、水揚げの客が決まると、どげな客がついても文句は言えんと覚悟はしておっても、いざとなると決心がつかんで、枕抱えてうろうろしよったら、やり手ばあさんから、早よ行けとにらみつけられ、後手でつねられて座敷に押し込まれてしもうた。

泣きながらも、こ一年してどうにか慣れた頃、とっけもない足の業病にとりつかれてしもうたです。右足首が腫れあがって、どうしようないごと痛む、熱が出てバタ狂うたけど、楼主は病院に行かせるげなヤツじゃないとです。氷をバケツに買うてきて、足を冷やしよったけど悪うなるばかりで、とうとう病院に行ったら、医者の先生がたまがって「こうなるまで冷やしてたまるかな。これは温めななならん病気じゃが」と、怒んなさったです。

炭坑で無理使いしてきた足が、急に使わんごとなって筋がゆるんだとげなで、治るまでは暫《しばら》くかかる、悪うすりゃ引きずるごとなるという、頭から大波かぶったげな診立てでした。足が治るまでの三ヶ月、どんな思いですごしたか、話しても話たりんバ

水揚げ　芸者、遊女が初めて客に接すること
やり手ばあさん　遊女の監督をする女。やりてばばあ
とっけもない　とんでもない

イ。稼ぎのない女に、楼主がどんな仕打ちをするか、映画やら小説やらの話やない、本当にされたことやきね。

一日、二日食べん日はざらにある。三日目に辛抱できんで食べ物を頼むと「稼ぎのないものが腹だけは一人前に減るのか。皆稼ぎよるとぞ。人に頼むとは横着な、下へおりて残り飯を食うてこい」。足がうずいて動かんと。二階の角のふとん部屋から、犬のように階段を這いおりて、台所の隅にかくれるようにしてご飯をもろうて食べよったです。あのみじめな姿は人には見せられんよ。だれかがこそっと食べ物を持ってきてくれるのが見つかったら、その人の金からその分を差し引くと楼主が怒り散らすとタイ。あのけちくされが……。二言めには「ただ飯食い」と罵《ののし》られ、ふとんの中でどれだけ泣いたかね。涙があとからあとから何ぼでも出るとやき……。裏の丘に榊姫様のお堂があったので、そこへ向かって朝晩手を合わせて拝んだです。

「どうか助けてください　快くなったらサラシの旗を上げさせてもらいますき。どうか、どうか治してください」

千本の針で刺されるごと足がうずき、榊姫様と母の名を呼んでこらえよったけど、あまりに苦しいので、死んで楼主を取り殺してやると思い、朋輩に猫イラズを持ってきてととりすがったです。足が立ちさえすれば、早よぶら下がっとるよ。そんな私を楼主が見張るごとなって、帯ヒモは取り上げられてしもうた。金で買われた体は、わが体であっても、生きも死にも自由にできんとです。上がる段ばしごが針の山なら、着て寝るふとんも針のムシロでした。

うずいて　痛んで

母が訪ねてきました。人間の一念は恐ろしいですバイ。私が母の枕がみに立って泣いた夢を見たげなです。私を抱いて「すまん、すまん」と泣きよりました。「しづ子のおかげで、うどん屋の店がたっていかれよる。年が明けたらしづ子の店タイ。短気出さんで辛抱しておくれ。神仏も見捨てはしならん」と母に拝まれたです。その晩二ヶ月ぶりに体を洗ってもらい、母の横でぐっすり眠りました。このまま夜が明けないいと思うたねえ。

母に会《お》うて急に元気が出て、それから少しずつ歩く練習をするごとした。八月の初め、店の者は皆、海水浴に行ったけど、私の見張り役に残った人に肩かしてもろうて、思い切って砂浜まで歩いてみたとです。そしたら歩けるやないね。泣いたですバイ。どうかこうか歩けるとですき。今に見とれよ。もう楼主にへこへこせんぞ。いつか大ボタからわせてやる。鍋ん中のどじょうタイ、と開き直ってひと根性持ったですきね。

足が治ると現金なもんで、楼主の当たりも変わってくるし、私も変わったです。酒を飲むごとなり、酔うた勢いで楼主を二間ばかり投げとばしたこともあったです。体は大きいし、力も強い。坑内で鍛えちょるきね。酔いどれの客は皆、私が片づけてやりよったです。そんな私を気にいる船乗りの客もつくようになり、そのうち「萬歳屋の人力引」と名前がついた。好かん客に尻むけよったきね。火鉢にかじりついて、ものの言わんタイ。当然仕置も受けるけど、名物女になったバイ。三年の年季が六年になって、私ゃたいがい強い「けんか女」になっとりました。

大ボタからわせてやる　復讐、仕返しをしてやる
鍋の中のどじょう　「まな板の上の鯉」と同義
人力引　人力車の引き手のように客に背を向けるたとえ

年が明けて知り合いの巡査が私を迎えに来てくれたけど、「人相も、人間も、変わってしもうた」と、帰る道々首ひねりよったです。近くの海に身投げの場所があって、毎年だれかが死によった。そこに行かん者はおらんよ。私も何回か行ったきね。腰ヒモで足をきびってはほどきして、そげして強うなったとです。鍋ん中のどじょうですタイ。

六年ぶりに家に帰って、なによりも嬉しかったのは、原野が私を待ってくれとったことです。どこの世界に身売りの女を六年も待つ男がおるかね。原野は私の神様ですタイ。母は小さなうどん屋にお酒も置き、きりきり舞いです。私も店に出ると人気があったし、やっと六年の苦労が実ったと喜んでいた矢先に、ああ、貧乏人は金には縁がないごとできとるですバイ。

中山田の炭坑が、上山田の方さへ移り、坑夫もそっちに行くごとなったので、ばったり客足が遠のいてしもうたとです。彦島から帰ってまだ半年ですバイ。晴れて原野と所帯をもったのに、私はまた家の米びつで、実家の加勢をする跡間《あとけん》つきの女房になったとですき。原野の親もみなならんとです。そしたらまた、夫婦で稼げる小ヤマを探して、坑内に下がるしかないでしょうが……。身売りの六年間は、一体何やったかと思うたです。

熊《くま》ケ《が》畑《はた》、笹尾、籾《も》井《みい》、野上、飯塚《いいづか》。あちこちの炭坑を回り、スラを六年ひいたです。

跡間つきの女房　結婚しても実家に仕送りしなければならない女房

盤の傾斜が急で真登《まのぼ》りでけん所があり、斜めに登らな行かれん。下は油盤ですべりやすい。スラの底のスラガネがスキーのごとすべるきね。ここん所は苦になりよった。命がけやったよ。スラ棚にかかったらパッと体をかわさな、そのままハコに飛びこむタイ。そげな時はスラだけ飛ばすとです。スラが壊れるき先山が怒るタイ。けど命に代えられんやろ。「スラは何ぼでも作られるけんど、母ちゃんの足はつけかえができんとバイ」。怒る先山を、原野はいつもそう言うてなだめよったです。受けズラは、下がる時に頭で受けて、手足を突っ張って一歩、一歩下りるとけど、これも危ない。足が縮んだら、スラが体の上に乗り上ぐるとです。スラガネの先で、内股の肉をえぐられた後ムキがおったきね。

原野は酒も飲まん、けんかもせん。炭坑の男には見えん人物で人から慕われとった。私は大きい体で力もあるし、彦島で泣いたおかげで、気も強い。私は特別注文の大掻き板使いよったきね、文句を言う小頭には「叩くなら叩いてみい。おまえから二つどやされるげな女ごやないぞ」と大掻き板を構えよった。イレズミ男と狭い街道で行きあうと「何でオレの顔見るかっ」と言うタイ。「見られて悪い顔なら風呂敷に包んで歩けっ」と言い返してやった。

炭坑は力の世界やきね、正直者が損をすることが多いので、私ゃ好かん。黙っておれんタイ。原野がおとなしいので、小頭が時々無理言うたいね。それがはがゆい。「けんかは腹いっぱいしい。あんたがもし下になったら、上のやつは私がやっちゃるき」。私ゃ本気で言うので、男どもは一目置いとったです。

油盤　盤肌がなめらかで油を塗ったようにすべる地盤のこと。天井面にもこのような現象があり、油天井とも言う

スラ棚　スラで引き出した石炭を炭車に落とし積みできるように炭車の高さに合わせて設けた棚

街道　切羽から曲片までの通路で、採掘した石炭を人力で運び出す運搬坑道

坑内に入る時は、必ず入口の化粧枠を拝んでいく。忘れた時は引き返して、拝み直しよったです。ヤマの神さんに手を合わせとかな、何が起こるかわからんですきね。十五年、坑内で働くうちには危ない目に何度かおうたが、これが一番怖かった。本線を昇りよったとです。ちょうどポンプ座の横の方で、その音に気をとられて、サシバコの線をうっかり下見て歩きよったら、いきなり後ろの人からダアッと引き倒されたとです。ハッと思った目の前にハコが来よった。何十カンのハコが、ジャアーンッと、車道から火の出るごとの勢いで走ってきた。安全灯が消えてまっ暗。命が縮んだです。いっとき物が言えんやった。あのまま歩きよったらイチコロタイ。

ヤマの神さんは女ごの神さんで、髪毛が汚なかったげな。女が坑内で髪をとかすと、腹かいて、天井を支える手をゆるめなるき、天井がバレるのだと言われよったです。迷信か知らんが、衿化粧はしても、髪はあたったりはせん。耳をしっかり出して、手拭いは結ばんで、髪の中にきっちり巻き込んでしまうと。小さな音でも何かの知らせの時があるきね。

大天井が落ちて、上まで突っぽげるごと高バレしたら、目も口も開けられん。まっ暗すみを這いまわって車道を探しあて、それを伝うて本線に出るごとするとです。伊予からきた夫婦が、曲片《かねかた》を仕繰りよったタイ。間枠を入れて古枠をはずしよったら、大天がバレて、埋まったとが嫁女の方タイ。男はボーとなって腰ぬかしよる。「助け

化粧枠　主要坑道坑口一番目入り口にある装飾用の枠。コンクリートやレンガ、大角材などで入念に外観を誇示して作られており、鉱名を額面に表したものもあった

ヤマの神さん　古くは稲荷大明神を信仰し、後に大山祇神を勧請した。山の神は作業場の天井を常に両手で支えていると信じられ、歌をうたい、大声をだし、口笛を吹けば山の神が聞き入って、その両手が緩み落盤するという。作業が常に危険と隣あわせなので禁忌や迷信が多い（56頁参照）

ポンプ座　坑内湧水を地上へ排出するため排水ポンプを設置した場所

サシバコ　坑外から入ってくる空の炭車

知らせ　天盤が落ちる前にはバラバラと小さい小石が落ちてくる、その予告のこと

大天井が落ちる　天井が広く崩落すること

てー」と地の底からのげなおらび声が初めは聞こえよったが、私らが必死でボタのけよるうちに、だんだん聞こえんごとなったタイ。そのうちに、手の先が見えたき、私は体が震うたけど、その手を思わず引っぱったとよ。そしたら「痛いっ」と声がするやないね。「こりゃ生きとるバイ」と、皆勢いづいて励まし合いながら、とうとう助け出したタイ。倒れてきた天井の梁を、都合よく枠柱が受け止めた、そのガシャッとねじれた隙間におったので助かっとるとです。ひどい傷もないようで、「万歳、万歳」と亭主が頓狂声で喜ぶことが……。早速昇坑して、棹取りには五銭パン、私らには二銭パンを五つずつ、石炭箱に入れて差し入れてきたです。

　何ち言うたちゃ命が一番タイ。私ゃいつもお守り札を髪の中に入れとった。

　彦島の着物が三枚、これがよう人助けしたちゃ。米がないと聞けば、「米持っていけ」。銭がないと聞けば、持ち合わせがない時は着物に添えて、着とる上《うわ》っぱりも脱いで「質札だけ持ってくりゃいいタイ」。こんな貸し借りは日常のことやがね。砂糖の配給があれば、私は赤ん坊のおる家に回してやりよったよ。苦しい時はお互い弱い者同士で助けあうのが炭住の暮らしやったとです。

　戦争中のひもじい時でも、後ムキの朝鮮さんが「ウリ（私）は飯が少ない」とすわりこんでしまうので、買い出しのイモを食べさせよった。食べ物は畑のトマトしかないのに、一番方で上がってきたら、二時間も防空演習のバケツリレーやらさせられる。連勤、連勤で炭は掘れ、防空壕は掘れ、演習はせいち言われてもねえ。せめて食うも

朝鮮さん　徴兵のための日本人坑夫の数の減少で、労働力不足が深刻化し、それを補うため、朝鮮人の労働者が日本本土に連れて来られた。昭和14（1939）年までは「募集」であったが、昭和17年以降は「官斡旋」となり、昭和19年以降は「徴用」に至った

ん食わせてくれと文句言うたら、詰め所に連れて行かれて、「男ならただですまんが、女ごやきこらえてやる」と、やかましゅうおごりあげられたよ。

戦争に負けたらどうね。労務の者は朝鮮人から仕返しされると恐ろしがって逃げ散ったけど、一緒に働いた朝鮮さんは、国へ帰る時、挨拶にきてくれなったです。

原野が病気で死んで、二番目の亭主は遊び手やった。「一緒にならにゃ、殺しておれも死ぬ」と言うき、所帯はもったが、この極道オヤジがけんかで死んで、戸板に乗せられて帰って来た時、米が二升と銭が九円二十銭しかなかったです。こりゃ葬式はどうして出すかと、さすがの私も頭抱えたけど、知り合いの皆が多勢来てようしてくれた。炭坑長屋の暮らしはありがたいよ。「山の狸が出てきたら、町の犬が吠える」ち言うやろ。ここの者は吠えて追い出したりせんよ。狸も犬も皆一緒に暮らすとバイ。坑内で死ぬ時も一緒ですきね。

原野が八年、次が四年、三番目の亭主は一年半で中気が出て、三年近う寝て死んだです。学校の先生しよる息子夫婦から、世話を押しつけられたげなもんやった。頭がいい者は口がうまいき、私げな情にもろい者はすぐだまされるタイ。

三人とも向こうから惚れてきて、先に死んでしもうた。家族みんなの面倒を見尽くして、私の時はだれが見送ってくれるんかね。原野と添うた八年が花やった。その花が私の思い出ですタイ。

模範坑夫やった原野が、珪肺で長よこいするようになったら、労務が「納屋をあけろっ」ち言う時があったきね。「ここに来た時は元気な体で来と

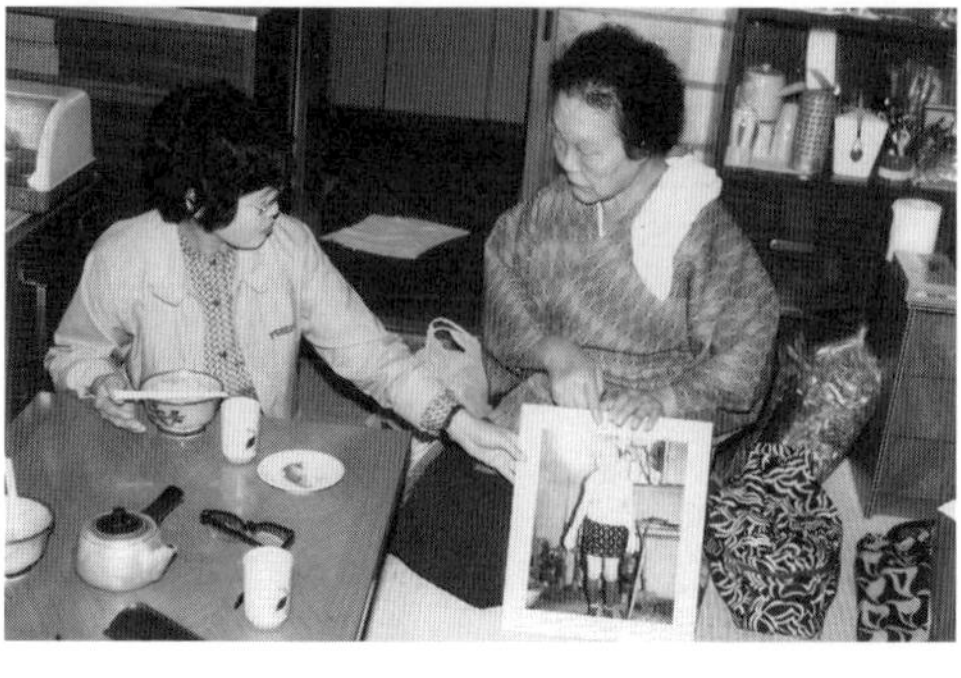

当時の話を聞く著者（左）
昭和56（1981）年

るとぞ、ヨロケになったき出ていけち言うなら、元の体にしてもどせっ」。私ゃもう怒り狂うて言うてやった。その話は断ち消えになったです。原野は人物やから、人がついてくるとです。それを狙って、困難箇所の所に行かせられることが多かった。私も人もついて行きますきね。元気な時はひどい仕事ばかりさせて、病気になれば出ていけちか。私はたいがいなけんか女やったが、あげな腹のたつけんかはなかったですバイ。

老人センターに来る途中で、近所の若い者が「ばあさん、一合飲まんね」と五百円握らせてくれた。これがうれしいですタイ。一日、テレビの声しか聞かん日もあるとバイ。それけど私はもうだれにも寄りかかれんとです。泣く時にゃ一人で泣くと。その代わり何事かある時は、私が一番に歌いだして賑わう。浪曲語るとはうまいですバイ。騒ぐ時は騒がな損たいね。棺桶かろうたげなじいさんが。「年金半分やるき、つきおうてくれ」と言うてきた。何を甘えよるか。一人で生きていけ。「年金は嫁やら孫やらにやって、世話してもらうとが一番いいとやないね。年金もじいさんも私ゃいらんバイ」と言うてやったです。

私の一生は小説でも書けんですバイ。今の若い者は炭坑も、石炭も知らんですきね。話をしてもウソとしか思わんですよ。けどウソやない。現にこうして、私がここに生きとるですき。

同右

風習と禁忌

坑内で出産があると、その翌日はお祝いの意味で、喜びの休日になるヤマがあったという。

坑内では、人数の減ることはあっても増えることはまずないのだから、坑主にとっては地獄の地底で生命が誕生したという朗報には、それだけのハナムケを贈って応えたのであろう。赤ん坊の産衣から命名から、酒やさかなまで用意されたそうで、貝島さんから名前をつけてもらった、という話を聞いたこともある。

それにしても出産まぎわの大きなお腹をかかえて、どうして坑内労働ができたものかと思ってしまうけど……。

出産の前日まで仕事をしていたさつきさんは、さあ出かけようかという時になって、陣痛が始まってしまった。自分でマキを割り、湯を沸かしながら、入坑時間を今日に限って遅らせたことが、残念でならなかったという。「おかげで〝金一封〟もらいそこのうたバイ」。ヤマの女らしいカラリとした言い草である。

坑内の産婦は、タンカにかつがれて凱旋将軍のように昇坑してくる。背を曲げ、低い坑道を這うようにしてスラをひく女たちの、炭塵にまみれた体に、生命を産み出した者同士の共感が走る。暗い空洞の中で、赤ん坊のうぶ声はどんなふうに響くのだろう。

地底では、まさしく生と死は隣り合わせである。だからこそ死者に寄せる思いもまた深い。坑内で死んだ人を上げる時には「ここは××片《かた》ぞー」とか「斜めの曲がりぞー」とか、仲間たちが口々に叫んで道案内しながら、坑口に出るのが決まりだった。無念の魂を地底に迷わせないようにという配慮である。

昇坑をしたがっている無念の魂が道連れを求めているのでは、という坑夫たちの想定は、時に不思議な現象を表すことがあった。

女坑夫のマキさんは出産後三十日を過ぎて入坑したのだが、何となく調子が悪くて、なかなか元通りにならない。ある日、新しい切羽《きりは》で働いていると、急に悪寒が走り体が重くなったので、早あがりして坑口を出た途端、背中がぞーと寒くなり、その晩から右足がひどく腫れてしまった。治療を受けても効果がなく、祈祷師に拝んでもらったところ、愛媛から来て坑内で事故死した女坑夫の魂が憑《つ》いたのだという。

祈祷師の口を借りての告白によると、地底をさ迷う魂は昇坑しようと物色していたが、元気のよい坑夫には取り憑けず、産後の弱い体のマキさんを選んで、坑外へ出させてもらったというのである。

わけもなく体がぞーんとする悪寒を「坑内風に遭うた」とか「仏風《ほとけかぜ》に遭うた」などと言うが、その真意は別として、地上を恋い、今なお地底をさ迷っている坑夫の魂を、明日は我が身として、仲間の坑夫たちは互いに強く感じ取ってきたのであろう。

ヤマの人々は「ヤマの神」を信仰した。主要坑道の坑口を誇示するひときわ頑丈な化粧枠には「大山祇神《おおやまつみのかみ》」の神額が掲げられ、女たちの多くは拝礼して入坑していた。

地底では、威張る男と掻き板を握って対で渡り合うシズ子さんは、うっかり通り過ぎてしまった時には、何としたことかとすぐに引き返して、坑口の入り直しをしたという。

家を出る時には荒神《こうじん》様に手を合わせ、厄除けにかまどのススを身に付け、束ねたまげの中にお不動さんのお札を入れる。剛気なシズ子さんのこの念を入れた神頼みの姿は真剣である。それが迷信であろうが何であろうが、地底の労働で生きていくためには、この神頼みこそが唯一のたよるべき彼女の命綱なのである。

炭坑言葉の「黒不浄」は死の穢《けが》れを言い、「赤不浄」は血の穢れを言う。

生理中の穢れを持つ女は坑口を入ってはならぬという禁忌に縛られながらも「ヤマの神さんによう断りを言うて」働き続けることで、赤不浄の女たちはその禁忌を乗り越えていったのである。

日ぐらし女ご

家のまわりに梅が咲き、椿が咲き、木蓮が咲き、庭には水仙やら、沈丁花やら、何かかんかの草花が咲きよります。いっときするうちに、桃やら桜も花が咲いて、毎日花見しよるごとありますき。年寄り一人の暮らしに、めったに来る者はおらんです。私が失対の仕事から帰って来るまでは、犬と猫とチャボが家族づれで、お互いけんかもせんで留守番しとります。近所のしかともしれん人間より、こげんとの方がよっぽど頼りになりますバイ。

屋敷のうちに花木を植え、花畑をこさえて皆に見て楽しんでもらい、朝早いうちに御前花《ごぜん》を売りに行ったりして暮らされたら、どげえよかろうか……。これが若い時からの私の夢やったとです。七十すぎた今でも、まだその夢は捨てきらんでおるけど、もう体が動かんです。若いうちから働くしこ働いてきたですき、体はガタがきちょりますタイ。

まあ一人暮らしの花咲か婆さんで、家のぐるりの土をおこして好きな花を咲かせて、やっとそげな楽しみができるごとなったとです。私ゃ今が一番幸せと思うちょります。

博打《ばくち》打つために生まれてきたげな男と連れ添うて、あっちこっちヤマを歩き回され

失対　失業対策事業。失業者が最大84万人に達した昭和29（1954）年10月「炭鉱離職者緊急対策」が閣議決定、翌年4月1日から実施され、合わせて石炭産業の合理化が進められた

しかともしれん人間　何ともしれない人間

働くしこ　働ける限り

たですきね。その間にゃ子が次々に生まれる。戸籍見てみんさい。五人の子が二人として同じ所で生まれた者はおらんとですバイ。したい放題に遊びたくって一生送った亭主やった。どんだけ泣かされたもんですな。それが、死ぬ何日か前、ひょこっと私を呼んでから「おまえにすまんやったのう」と一言言うたとです。

女ちゃ哀れな者ですバイ。たったその一言を聞いただけで、永年の恨みも涙も消えてしもうたですき。こげな極道は当てにすりゃ腹がたつ。死んだと思うてほたくり捨て、子供と夫婦になったつもりで働き通して辛抱した、文句の数は山ほどあるとです。それがその一言を聞いたばかりに、もうなにも言えんごとなったですタイ。なんぼ極道でも男は男。ああしてやればよかった、こうもしてやりたかったと思いよります。あの世で遊ばれるごと花札を入れてやったですが、私の棺桶には、だれが何を入れてくれるもんやら……。まあ花の種でも入れてもらえば、あの世でゆっくり花作りして遊びたいと思うちょりますタイ。

両親が坑内に下がりよったですき、長女の私は十にならん頃から、もう家の中の主婦代わりしよりました。それが長女の役目やったとです。朝、目が覚めた時はもうおっ母さんの姿が見えん。おひつの上に茶碗を伏せて、一銭玉やら炒り豆やら置いちゃるとです。弟二人と赤ん坊の守りをして、合間に掃除やら、おしめ洗いやら、水汲みやらして一日中過ごしよったですきね。おっ母さんの居残りが続いたら、「親の顔を見忘れるなよ」と言われたもんです。

ほたくり捨てる　放り捨てる

子守りもやおないですバイ、夜明けのまだ暗いうちから赤ん坊が泣き出して、なんぼえすろうても泣きやまん時があると、そんな時が一番いや、一番困る時やったですきね。どうしようもないで、背負うて坑口さへ行きますタイ。行ったっちゃ、おっ母さんがおるはずないとけど、小走りして行きよった。

外はまだしらじら明けで暗いとに、赤ん坊は泣きやまんし、情けないで私も一緒に泣きよったですきね。坑口さへ行ってもだれもおらんけど「母ちゃーん、母ちゃーん」と泣きおらびよったですバイ。そのうち赤ん坊は泣きくたびれて眠るけど、帰りの背中の重いことが……。

乳は、前の晩から水に漬けた米を、すり鉢ですって、煮溶かして作りよったです。小さい弟の御飯も食べさせなならんき、学校に行くだんじゃあないで、よこうてばっかりですタイ。とにかく学校よか親の加勢が先ですき。

学校の近くにツルハシ鍛冶屋があって、ツルの穂先を焼きに出し、一日おきに取りに行かなきね。それも子供の役目やったですき。その役目のついでに、学校にも寄って行こうかというげなもんやったですが、それもカラ五体やないですバイ。赤児負うて行かなとですきね。両親共稼ぎに、子供までが加勢せな食うていけん、そげな暮らしやったとです。

私ゃ今でも思い出す、坑口から上がってくるおっ母さんの姿は忘れんですバイ。暗い坑道の奥のほうから、灯りがぽつんぽつんと見えてきて、それがゆらり、ゆらりしながらだんだん近づいてくると、どれが母親のものかと思うて、もう待ちきれんご

やおない　たやすいことではない
えすろうても　なだめても

となって、「母ちゃーん、母ちゃーん」とおらんでしまうとですき。ほかの子も同じ、母ちゃんのおらびあいしよったです。

母親も背中にかろうてきた坑木の木っ端のたきもんを下ろし、私の背中の子を取りあげなるタイ。そしたら今度は私がたきもんをかろうて、母親の後について帰りよった。しみじみ思い出すと、私もまたそげして坑口から出て来るとですバイ。子供が待つ坑口へ二度と上がることができんやった母親もおったとですきね。それを思うと今でもなんかせつのうなりますタイ。

結婚したとは十九の年。親が決めた縁談です。昔の娘は肝が太いもんですバイ。相手の顔もよう知らんで行ったとですきね。峠一つ越えた向こうが亭主のおるヤマで、風呂敷嫁女《よめご》の私は、夕方近く、馬車で峠を越えました。登りが急になると馬車を下りて歩いたですが、この時から先の苦労を覚悟せなならんやったとですタイ。

仲立ちさんの所で盃事《さかずきごと》して、その晩はいいしこ飲み通して、酔いつぶれたまま担ぎこまれるごとして、四畳半一間の小納屋の家に入ったとです。それけどが、亭主はそのままぞうり虫のごと、ごろんと寝てしもうて、押しても引いても目が覚めりゃせんですき。そのうち夜が明けてきて、私ゃもう逃げて帰ろうかと思うて、風呂敷もほどかんままにひざの横においとりましたタイ。やっと目が覚めても私のことは忘れとる。「あんた誰な?」「名前は何ち言いよったかな」。こげなふうですバイ。笑い事やない、ほんな話ですき。

坑木の木っ端のたきもん　坑木の端の不要部分で作ったたきぎで、燃料として使っていた

風呂敷嫁女　身一つで嫁入りする女性のこと

盃事　三々九度、結婚の祝宴

知らん犬同士が出会うた時、お互い匂いを探りあうでしょうが、私らそげな出会いですタイ。飲むも打つも天下一品のてえこと者を亭主に引き当ててしもうて、往生したですき。

仕事は何でもこなしよったが、大体仕繰《しく》りが専門やったです。それも本線や捲立《まきた》ての大仕繰りですタイ。吊り函の上に上がって、天井の補強する時やらはけんか腰です。ぐずぐずしよるとボタかぶらなならんき、後ムキを追いたくってナル木を打ちこみ、打ちこみ、バレをくい止めるとです。命のかかる仕事ですきね、後ムキが下手なことでもしようなら、それこそヨキが飛んでくることがあった。大体が念者で凝る性格やから、女ごの私にはカミサシ一枚でも削らせんとです。「女ごが、何を気の利いた仕事ができるかっ」と言うて、ヨキにさわることもいやがったです。ヨキは仕繰りの命で、女ごがさわると鈍《なまく》らになるとか、偉そうなことを言うだけあって、素っとこ速い仕事をしよったです。どげな枠でも、スジ引いたごとピシャッと足が揃うて、「おやじのいれた枠なら安心して通られる」とだれもが言いよったですが……。いい腕もっても長続きせんですきね。何を考えとるのかひとつもわからん。

飯塚のヤマにおる時、亭主は一番底の卸《おろし》を延《ぬ》んで行きよった延先《ぬびさき》やったが、川底の下で、暑いとと水が多いで、じっとしとっても三十分とはおられんげな所やったとです。私は私で、その卸底からテボでからい上げて来よったけど、これがまた真登りするげな高さを上がらならんとです。水は流れ落ちる、足はすべる。すべってこけた

てえこと者　手こずる者

追いたくる　急がせる

ヨキ　小型の斧
念者　入念な職人気質の人
カミサシ　枠や柱を固定するくさび、矢板

延先　坑道の最先端を先へ先へと掘っていく行く先、またはその労働をする人

ら起き上がりきらん。カンテラが消えて、まっ暗すみをへばりつくごとして這い上がりよったです。あれこれ難行苦行、さすがの私もそこはもう行ききらんかった。一人三歩《ぶ》の金にはなる所やったですがね。同じごと亭主もとうとう寝付いてしもうたです。熱が続いて肺炎になって、命も危ないごとなって、葬式はどうするかと思いよったけど、一ヶ月かかって何とか快くなりましたきね。敷ふとんを通して、汗がべったりと畳をぬらすほど体中の汗が出つくしたです。

たまさかやる気を出して働けば、こげな目に遭う。よりによってこげな困難箇所でがんばるこたいらんやないですかねえ。命あっての物種、このヤマをやめました。

ノドもと通れば熱さを忘れる。びきたんの面に小便ちゃ亭主のことですタイ。大病して、あれほど世話させておりながら、元気になりだしたらもうこのへんにゃおらんごとなったです。仕事探しに行くと言うて。人には故郷に帰ると餞別もろうて、会社から旅費まで取って、おまけに少しあった暇とり金から、家のあり金はみな持って出とりますとタイ。尋常二年を頭に三人の子がおるとですバイ。ようも放って出られたことと感心しよったちゃ、口は干上がってしまう。

とにかく日銭を稼がなと思うて、近くの狸掘《たぬきぼ》りにテボからいに行ったです。坑口の傍にゴザ敷いて小さいと二人を遊ばせながら……。バラち言うて、底のない筒げな籠があった。それ一杯いれたら一トンですタイ。からい上げるたびに子供を見ては、また走り下りよったです。「ここからついてくるこたならんっ」ときつうおごりあげて

一人三歩　一人前の賃金に割り増しがつくこと

びきたん　蛙

暇とり金　退職金

尋常二年　尋常小学校2年、今の小学校2年。尋常小学校という名称は、明治19（1886）年の「小学校令」から昭和16（1941）年の「国民学校令」までの55年間使用された

ね。後追いする時は突き飛ばさなしょうがないとです。可哀想にと思うけど、「母ちゃん、母ちゃん」と大泣きするとを背中で聞いたら、こっちも泣こうごとありますタイ。二、三回もしよったら、後追いもピタッとやめたですきね。子供もよう辛抱して育っとるですよ。

からいテボに下の子を入れて、堤防工事にも行った。子供はじっとしとらんき、ひもで木にきびりつけて。トロバコに土を積んで、押し返して、その合間に走って行ってみれば、ヒモはぐるぐる巻きになってしもうて、子供は行きも引きもならんごとなって泣きよりますタイ。「おうおう、可哀想に」。鼻やら涙やら、よごれたくってザマはないとです。こげして子供もこらえる。私もこらえて働きよる。こらえんとは亭主だけ。どこにおるもんか、住所不定ですき。

独楽がまいよるとと一緒ですタイ。いつも勢いつけてまいよらな、力抜いて止まったら倒れてしまうとです。亭主は逃げ散らかしておりゃせん。だれが子供を食わせるですな、泣き言う間はなかったですバイ。面《つら》かまわんで働きました。

土方仕事なら、一日にトロ二十カンを請負で積むですきね。二人一組で昼の前に十五カンは積んでしもうとかな、昼からはもう力が出んごとなると。大スコ一杯の土がドカッドカッと固まったままではねられるうちはいいけど。力がのうなってくると、土がバラバラと散るごとなりますきね。男と一緒の力仕事は坑内で慣れとるけど、土方仕事は新参ですきね。やおいかんやったです。それでも人ができる仕事が私にでき

トロバコ　トロッコ
行きも引きもならん　どうにも動けない、身動きできない
面かまわんで　体裁をかまわずに
はねられる　放り込める
やおいかん　たやすくない

んことがあるか、山より大きい猪は出らんバイと思うて、昼前十五カン、昼から五カン積み上げて、二時過ぎには家に帰りよったです。坑外の日役に行けば、まだ楽な仕事はあるとけど、上がりバコのボタかき出しでもしよったちゃ食うてはいけんです。体も楽して金にもなるげなよか仕事には、私ら縁がないですタイ。「両方いいとは頬かぶりだけ」と言いましょうが。

亭主が一円の金も作るわけやないバイ。それどころか、音沙汰ないと思うとったら、どこにおったと思うですか。何と、博打《ばくち》で捕まって、警察に泊められとったとです。それも佐賀ですバイ。佐賀までとんぴんついて回ったあげくに、葉書一枚よこしてから……。おまえたちはどうでもして食うていっちょれ、オレは警察の世話になっちょる……。

こげなふうですきね。警察なら安心タイ。いつまでも入っとけ。もう出て来るなと思うたですバイ。けどが、このまま放ってもおかれんでしょうが。顔のきいた人に心配してもろうて、佐賀まで迎えに行ってもろうたです。本当になんち言うたらいいか、あてにはしとらんけど、私ゃガッタリ力が抜けてしもうたですバイ。一生のうち、何度別れようと思ったかしれんけど、何の罪もない子供につらい思いはさせられんと辛抱しました。私ゃか芋ですタイ。か芋の葉は風にいやいやしよるけど子芋ができるでしょうが。次々子供は生まれる。産もうちゃ今月腹抱えて働かならんです。産気づくまで働いてから、湯も沸かさな、産婆さんも呼ばな、それと一緒に亭主も探し出さなという時もあったんですきね。

上がりバコのボタかき出し　炭車の底に残るボタ掃除
両方いいとは頬かぶりだけ　立場が違えば対立するものだが、頬を隠すように頭から手ぬぐいなどをかぶる頬かぶりだけは、両方対立することもないという意味
とんぴんつく　調子にのる、ふざける
か芋　里芋
今月腹　臨月に入ったおなか

生まれたあとに、息せききって走り込んできたこともあった。お宮に行って、安産のお守りを受けてきたとか言うて……。生まれりゃ祝い酒が続き、私が産後のよこいを十日すれば、同じごと自分もよこうとです。「お前がよこうとるとに、何でオレが働かなならんか」ち言うて。

炭がよう出て、毎日五円の金になった時もあったけど、亭主が持ち出すき何も残らんとです。「大めし食えば大ぐそたれる。医者が取らな坊主が取る。銭は残らんごとなっとるのが、この世の運命ぞ」と講釈師のげなこと言いよるうちに、また警察につかまったですきね。家の表、裏から「動くなっ」と踏み込まれて、忘れもせん二月の寒い日でした。何か着せろと言われて、どてらをかけてやったですが、直方《のおがた》に十日ばかり泊められて、もうこれで凝りたやろうと思うたけど、何が凝りようか。この博打男が……。帰ってきて一番にこげ言うたですバイ。「今度からはもう家ん中ではせん。油断もすきもない。山さへ行ってするぞ」。もう病気バイ。死なな治らん病気と覚悟したですきね。

金がのうなったら、仏壇の位牌までカタに置いて遊びよったです。御飯あげようとして、仏壇開いて私ゃたまがったですバイ。カラッポですき。

戦争中は、さすがにちいとはおとなしうしとったですが、その代わりシャモを飼うて蹴合わせよったですよ。あの米のない時代に、配給があると、まずシャモにつつかせると。シャモのために働くげなもんですタイ。一方出れば、米一合の加配米がつくと。それが欲しいばかりに連勤しよったですよ。それをシャモにやるとですき。

妻子はやせる。シャモはふとる。わが子よかシャモが可愛いとです。朝晩ねぶるごと可愛いがりよるうちに、わが自分の顔までシャモに似てくるごとなったですき……。シャモだけやない、人間のけんかも好きやったですね。よういざこざの仲裁しよりました。他人にはいろいろ世話やきしよるふうで、頼りにされとるといばりよったです。何を言うか。一ぺんでも妻子から頼りにされてみいと、そのたびにいつも私は思うとりました。我が家の屋根はじゃじゃ漏りしよっても知らんふり、よその雨漏りには一番のりで屋根に登る人ですバイ。何考えとるかわからん人です。


小竹の炭坑では掘進《くっしん》の後ムキに行きよったです。三交代で時間は短いけど、やおなかった。先へ進んで行くんですき、マイトよけいかけるので、ボタがたいそうなこと出ますタイ。ボタは充填、炭は積んで出す。ボタの多い時は二十四、五カン積まな一枠が入らんとです。断層ボタでも出たら三十カンはあるし、古洞《ふるとう》でも行き当たったらどれだけボタが出るかわからんですバイ。それでもそれを取ってしまわな、先へ延ばされんでしょうが。十三のアーチが入るとですきね。先山に男三人、女一人が後ムキで、十カンで一枠入れきったら、ああ今日は楽やったねと喜びよったです。古洞の時は、受けのナル木を天井に打ち込み、打ち込みして、枠のある所までこさえて行きよった。

とにかくアーチを入れて、坑道を先へとほがして、出たボタは取りのけて、炭と選

掘進　坑道などを掘って進むこと
ボタは充填　坑内柱の補強のためボタを埋め込んでいくこと
断層ボタ　石炭層の断層にあるボタの層
アーチ　アーチ型に曲げた鉄の坑道枠

りわけて、先へ先へ延《ぬ》んで行き、ハコが入るごとしていかなとですタイ。水が多いで天井のやおい所なんか、ぞろぞろ落ちてきよるですきね。仕繰って行くとも、泥水かぶって受けナル木こさえよったです。バレかかっとる時は、早よナル木打って天井締めとかな枠が立てられんでしょうが。皆一生懸命でした。後ムキの私たちゃ行ったらすぐナル木切ったり、カミサシ削ったり、ぐずぐずされんです。

新参者は要領がわからんですき、私がいつもたったったっとヨキでカミサシ削って作りよったら、「おばさんは速いなあ」と、徴用で来た人がたまがりよんなったです。亭主も一等先山で、この戦争の頃はまともに働きよりました。広島の方から産業報国隊の人が徴用で来なしたもんね。お国のために石炭一かけらでも増産せなならん時代ですき、自由よこいはできんとです。おかげでおとなしゅうしとりましたタイ。

戦争の終わりがけの頃、長男が結核で死んだです。今の時代なら死なんですむ病気ですバイ。食べ物もない、栄養もとれん、薬もなかったとです。「オレが絶対なおしてやる」ち言うて、亭主も方数つめて、病院代をこさえてくれたですが……。戦時中に若い男の子が肺病というのは肩身の狭いもんでしたきね。あの子もつらかったやろうと思うとります。

死ぬ前頃、みかんが食べたいと言いました。まだ時期が早いで、なかなか手に入らんとです。そしたらまわりの人らが皆で探してくれて、イモの買い出しに豊前の方に行った人がみつけてやんなったです。ありがたいの塊のような、青いみかんでした。

徴用　戦争中に国が強制的に動員命令をかけ、一定の仕事をさせること。また物品を強制的に取り立てること。昭和13（1938）年に「国家総動員法」、翌年に「国民徴用令」が公布され、職業・年齢・性別を問わず徴用が可能となった。昭和16年の太平洋戦争以降、徴用令が濫発された

産業報国隊の人　戦争の拡大で労働力需要の拡大により動員され、重要産業部門に就労させられた人々

「いい匂いがしよるねえ」とニコーと笑うて、そのみかんを匂いよった息子の姿は忘れきらんです。小さい時から一番辛抱して育った子でしょうが……。「十四までしか生きられんやったとに、辛抱ばかりさせてすまんやったねえ」と、ことわり言いよります。

戦争が終わったら、前ほどではないですが亭主の「病気」がまたぶりかえしたですきね。でもかつがつ仕事には行きよりました。石炭がよう出るので、注文函を二カン取るごとすると、「お前が残って積むんか」と念を押すとです。「オレは先に上がって晩のおかずでもこさえとこう」とかソラ呆《ほう》けたこと言うて、さっさと上がりよったですきね。

二カンのハコ取るちゃ簡単やないですバイ。ゴーッと曲片《かねかた》にハコがさしこまれる。一番先に来たハコを高《たか》ピン切って、ツーッと自分の切羽に押し入れますタイ。何ぼも並んだ切羽の、手前が自分の切羽なら、二カン持ってきたので、必死の勢いで積み上げねば、後のハコに突き出されてしまうとです。後のんは一カンやき積むとが早いでしょうが。手前の私がぐずぐずされん。後と同じぐらいに二カン積まなならんとですきね。ハコ取りも早いものが勝つ時があるとです。高ピン切って走って来るハコに、パッと手拭いを投げ込んで、自分のハコを取るとです。もうけんか腰で取り負けんごとせなですきね。目が覚めるげな勢いで働いてきちょりますタイ。

半日働いても炭の出る日は金になるとです。仕事はきついけど金取りは坑内が一番。

高ピン切る　炭車の前にさげてある連結用のピンが根元に十分さし込まれないのが高ピンで、自走している炭車のピンを下り坂へ向けて切り放つこと。炭車に加速度がつき脱線する場合もあり、危険

他人先山について鍛えられたですき、たいがいのことはしきりますタイ。

マイトをかけて石炭がたいそう出る。休む間なしにそれを積み込んだ実函《みばこ》を押し出し、十五カン捲き上がると、代わりのカラ函が入ってくる。ハコを曲片に押し込んで、また炭をからい上げよる間に、先山はもうノミでマイトの穴刳《く》りしよるです。この繰り返しですタイ。次から次に体動かさな他人先山について行けんとです。その代わり金札《かなふだ》余らせて「今日はスラしたなあ」と悔やむことはないです。

卸底《おろしぞこ》から、膝でいざって歩くのがやっとのテボかろうて登り、カンテラを口にくわえ、両側の枠を両手で伝いながら街道を這い上がる所もあった。ちょっと背を伸ばせば天井に頭をぶち当て、背中の重みで後ろにひっくり返りよったですバイ。カンテラが消えでもしたら、真のまっ暗ですきね。こげな仕事は女やきこそできるとですよ。男はとても辛抱できんでしょ。うちの亭主なら一回でノソンですバイ。

炭坑がやんで、亭主の遊び仲間も散って行き、モグラが地上に出たら目ん玉が干上がるとか言いながら、拾い仕事をしたりせんやったり、亭主もボーとしとったです。私ゃボーとする間はないです。

これまで自分の楽しみなど持ったことがないですきね。これからちいと好きなことしてもバチは当たるまい、いいしこ働いてきとるとやきと思うて、土方仕事に行きながら、空き地を耕して花や野菜を作るごとしました。草花は束にして、町へ売りに行ったです。ちいとばかりでも、待って買うてくれる人がおることが嬉しいで嬉しいで、

スラした　あてが外れた

いいしこ　しこたま、十分に

毎日がはずんどりました。御前花に神柴を添えてやりますタイ。銭金やないですバイ。亭主は相変わらず頼りないけど、私は楽しいばかり。子供は次々と家を出て行き、もう歯を食いしばって働かんでもいいとです。生まれて初めて、好きなことさせてもらいようとですきね。

明日の朝売りに行く野菜など洗って準備しよると、つい日が暮れてしもうて、亭主がおらんで来よったです。「いつまで働きゃいいとか、たいがいで飯食わせえっ、働くとがそげえ面白いとか」。前後一荷担うほどの花・野菜です。毎朝荷を作る時から、「もうかりもせん花売りなどやめてしまえ」と、文句ばかり言うようになって、口げんかようしよりました。これでは人に笑顔が向けられんですきね。とうとう花売りをやめてしもたです。

その頃、私は失対の仕事に入れてもろうとりましたき、少ないでも日銭が入るとです。花売りはもうけんでもいい、好きでしよるとけどが、それがけんかの種になるとですきね。情けないやら腹がたつやら……。

炭坑がつぶれて、もう太平楽《たいへいらく》にすかぶらできんごとなったち言うて、私に八つ当たりしてどうなりますね。炭坑もしまえた、もう男天下もしまえたとぞ、私の楽しみも取り上げてから今にみちょれと思いよったら、それから間なしに血圧が上がって倒れてしもうたです。

二年ばかり、寝たり起きたりしよったですが、ひょこっと私を呼ぶでしょうが、別に用ちゃないとですバイ。そしたら「おまえにすまんやったのう」と一言私に言うた

太平楽　のんきで勝手なことを言う様子、勝手に振る舞うこと

とです。その思いがけん一言で、私はもう何も言えんごとなって黙って聞いちょりました。亭主が死んだとは、それから四日後のことです。

日が暮れるまで外仕事をしよると「この日ぐらし女ごが」と亭主が呼びに来よったですが、今はもう私を呼んでくれる者は誰もおらんです。

失対の現場から自転車で帰って、相変わらず家のまわりに草花を咲かせ、日が暮れようと一人の気楽さで、毎日日ぐらし女ごで暮らしよりますタイ。よかぜいたくをさせてもらいよります。

撮影：山口勲氏

女坑夫ひとつのうた

四つの頃に見た父親の顔をまだ覚えとるですバイ。もう七十年のうえも前の、古い面かげけどが、なしかその顔はしっかりようわかるとです。ほかん時の顔はだんだん忘れていきよるとに……。やっぱり、何ちゅうても家で見よるげな普通の顔とは違いますタイ。狸掘《たぬきぼ》りの穴のげなこまい坑口からウーッと出てくる父親の顔でしょうが。

まだ学校あがらん前の兄が、時々、坑口に弁当届けに行きよりました。それについて行って見ちょるとです。まあるい、お盆のげな、むく腫れたような顔やった。ずず黒い顔に、白眼がぎょろんとして、ぶつぶつした汗がいっぱい溜まっとりました。とにかく丸い大きな顔やった。

その時、父親は坑内の水汲みをしよったとです。ブリキの一斗カンで、卸《おろし》の底にたまる地下水を、溜《ため》マスに汲みこむ段汲みの仕事で、水と汗でびしょぬれやったち言いますきね。とても長うおられんき、交代交代しよったけど、時計とか持たんき、線香に火をつけて坑口を入りよったたちです。線香が消えたら交代ちゅうことがわかったんで、兄は時々、こそっと線香の火を吹きよったげなですき。そげ消えはせんとにねえ。そしてそのことを父親に言うたところがあんた、たいそう怒《おご》られちょりますタイ。

なしか　何故か

ずず黒い　すすけた黒

坑内の水汲み　坑内にたまった水の排水

一斗カン　十八リットル入る金属缶

卸の底　坑道の最深部

溜マス　水を貯めておく箱

段汲み　卸から坑口までの上り坑道に作った何段かの溜めますに地下水を人力で汲み上げて排水をする仕事

「皆きついとに辛抱しよろうが、自分だけちいとでも早う上がろうなんち。自分さえよからいいとか。そげなこと絶対にしちゃならんぞ」ちゅうてね。五つ六つの子供にそう怒ってもねえ。兄はお盆のごと水腫れしたげな父親の顔見て、子供心にやおなかろうと思うたとでしょ。ちいとでも早よ上げてやろうと、線香を吹く兄の気持ちはようわかりますがあ。

大正二年生まれで四つの私が、初めて見た坑口とそこから出てきた父の顔ですきね。ずーと後になって、兄から聞いた線香の話と結びついて、忘れられんごとなっちょりますタイ。

その坑口のあった小ヤマのへりに、切通しの新しい道ができた時、斜めに走る露頭の縞模様がかなり広く出てきて、写真とる人やらで人目をひいたです。もう今は土手の下になっとるですが、私はここを通るたびに、その露頭を見ると懐かしい気がしよりましたきね。

私がたは小作の百姓やったです。本村からの分《わか》れで、ここに住むものはおおかたが小作人でした。もともと土地が低いで、雨がちいと降ったら、もうじるうなって水はけが悪いとに、炭坑の鉱害で、年々地が下がるでしょうが。田んぼが水に浸って米がとれんごとなって、近くの小ヤマやら土方仕事やらに行く人が多うなったです。食べていけんですき。

ボロ家けど、自分の家があるんで、両親は炭坑納屋には住まんで通勤する「かけ坑

山本作兵衛「段汲み排水」
田川市石炭・歴史博物館蔵
© Yamamoto Family

露頭　地表に現れた石炭層

じるう　ぬかるみのように

炭坑の鉱害　ここでは、採炭後、地下水が抜かれ、地盤が下がること。ほかに水質汚染などもある

夫」ですタイ。その頃は二交代やったき、夜明け、まだまっ暗な時から出て行きよったですよ。

長女の私の下に、妹が一人、赤子の弟がおったですきね。私ゃ子守りばっかりしよりました。そして小さいとを次々に負《お》いあげてしもうてからは、よその家の子守りですタイ。父の知り合いのかけ坑夫に頼まれてから、いやも応もない。夜明けとともに赤ん坊が連れて来られるですきね。守りの合間には、一日三回、坑口に乳飲ませに連れて行かなでしょうが。暮れ方には、赤ん坊をそっちの方の家まで送り届けならんとですき。十一になったっちいうても、往復一時間はかかるですきね。ちいと暗うなったり雨が降るやらしたら、やっぱあしろしいで、半泣きやったですバイ。赤ん坊はだんだん重うなるし、なんぼえすろうても泣きやまん時もあるし、炭住と違《ちご》うて、村の家はあっちにぽつん、こっちにぽつんとあるでしょうが。歩きよっても淋しなる時があったですよ。

何が嬉しいち、そりゃあんた、赤ん坊が来ん日ですタイ。朝もゴンゴン寝らるるし、背中も軽いんで、空が晴れたごとあったです。

十二になって、本村の農家に子守り奉公に行きました。私は人より、ちょっと体がこまいで、「豆ちゃん」ち呼ばれよったですきね。近所の守り子の中で一番年上なに、いつも年下に見られるのが口惜しかったですよ。体は小さいでも、子守りの経験は積んどるでしょうが。負けてなるか、負けらせんバイと、いつも子供心に思いよったですきね。

冬の寒い日に、冷たい川の水でおしめを洗わされるとが、何ちゅうても一番いややった。石鹸もない揉み洗いで、うんこのおしめを洗うとですバイ。ようと洗い落とせち叱られて洗い直しても、色が落ちんで泣こうごとあったですき。どげなことがあっても、もう二度と子守りはせん。何ち言われても、炭坑に働きに行くごとするタイと、辛いことがあるたびに、私は心の中で言いよりました。

年が明けて、暇取《ひまとり》着物《きもの》、一重《ひとかさね》こさえてもろうて家に帰ってきたら、親たちは次の奉公先を探しよったです。親について働くと言うても、体のこまい私に炭坑仕事は無理ち言うて、聞いてくれんですきね。親のそう言うのも無理はないですタイ。

親たちはその頃、何人かで切羽の共同請けしてセナ担いをしよったとです。セナちゃ一番きつい。百斤籠で切羽から担うて上がるとでしょうが。それも天井の低い、狭い坑道を這うごとして登るとですきね。豆ちゃんの私にそげなきつい仕事ができらせん、奉公が一番いいと言いますタイ。私は奉公じゃのうて働きたいとです。体におうた小さめの籠をこさえてくれと頼むけど、どうせ長続きせずに捨てる籠に八十銭も出せんと言うでしょうが。こげなったらもう意地の張りあいですタイ。勘定払いということで、竹細工の人に頼んで私は専用の籠をこさえ、上積みする輪枠もこさえたです。そして「まあ見なはい。やってみするきっ」ちゅうて、偉そうな宣言しちょりますタイ。

十四歳のこの時から、守り子の私が女坑夫になるごとなったとです。

暇取着物　仕着（しきせ）着物。年季あけにもらえる単物（ひとえもの）の着物

切羽の共同請け　石炭の切り出しを共同で請け負うこと

百斤　60キロ

勘定払い　給与を得て支払うこと

上積みする輪枠　籠の容量を増すための竹枠

セナの担いはなは、そらあ親の言うた通り、とてもやないが苦しいもんでした。狭い街道を、籠をゆすらんごと登らなならんとに、あっちに当たり、こっちに当たって、炭は半分も残らんごとこぼれてしもうとるとですき。ヤケこぶ作らな一人前じゃないと言われても、ヤケの痛さは地獄ですバイ。背中から腰にかける担い棒の、肩腰に当たるところがすれたごとなって、そこがぷうとふくれてくるですき。そのこぶが痛い痛いちゃね。そのこぶを太らせんごと、担いつぶさなならん。なんぼ痛かろうが、ヤケこぶはそげして治すしかないとち言いますタイ。

小さい時から子守りして、他人の赤子も負いあげた。奉公先で台ガラ踏まされたりして足腰鍛えちょるですきね。体は丈夫にあったし、親について行く仕事をしきらんげなことはあるまいと思うとったですが、このヤケの痛いとばかりは、本当、その身になってみらなわからんですバイ。捲きもかからんセナの引き出しヤマやき、セナしか使わんでしようが、それしかないとですき。泣きもってでもついて行きよるうちに、ふた月もたつ頃には、結構人に負けんごとなっとりました。籠の上に枠を立てて、それいっぱい炭を入れて担い上げよったです。私んとは籠がちと小さかったですきね。豆ちゃんの私は、狭い所もそげ苦にならんで、五寸くらい丈の撞木杖《しゅもくづえ》ついて、ショッション、ショッション担いよったですよ。だいたい日本手拭い垂らした炭丈あれば、入って行きよったですバイ。

先山がこちこち手掘りするげな、オロいい狸掘りですきね。そのセナヤマは夏の大雨の水に浸ってしもうたですが、炭は結構掘るしこあったとげなです。私らが行くと

担いはな　担いはじめ

負いあげ　子守りの必要がなくなること

台ガラ　台唐。地面を掘って臼を据え、杵(きね)の一端を足で踏み、てこの原理を応用して穀類などをつく仕掛けのもの。唐臼とも言う

泣きもってでも　泣きながらでも

山本作兵衛「セナ」
個人蔵　© Yamamoto Family

は、そげなヤマばっかりですタイ。

セナの次はテボかろいです。卸底の切羽は水びたしで、体中濡れねずみになったですきね。六十間ばかり登ってハコに積みよったですが、だいたい四カンから五カン積んで帰りよりました。一カン積むとに八回行きよったき、まあ四十回は往復しよったです。この時は他人先山と添《そえ》先山と、三人もやいの切羽やったですが、夕方六時から下がって、夜明け五時には帰りよったです。夜の方が人数が少ないので、ハコを取りやすいですきね。いっときは夜ばっかり行ったですが……。

何ちゅうたちゃ、水の多い所やった。ブリキの一斗カンを斜めに切って、水抜きの穴をあけた「エビジョウケ」で、水に浮く微粉炭まで掻き板でじわっと掻き入れるとです。添先山がそげして用意しとる替えテボが、水をボタボタ落としながら私を待っちょるですきね。ぐずぐずされんですタイ。

向こう鉢巻き　百斤カゴ担《にの》うて
出て来る後ムキ　勇まし姿

国定忠治の替え歌を独り言のごとして歌うて歩きよった。足もとは水ですべるき、思わず手をついたら、手足いっしょにズルズルーと行きよる。こけたら最後、背中の荷がかかって起ききらんですきね。テボからハコの中に炭を移す時も、逆たんくりになって、頭から突っ込んだことが二、三度あったですバイ。片腕外して、ひょいと傾

五寸　約19センチ
日本手拭い垂らした炭丈　約60センチ
オロいい　粗悪な、下等な
六十間　約108メートル
他人先山と添先山　夫以外の先山。添先山とは先山の補助作業をする人
一斗　約18リットル
逆たんくり　さかさま

山本作兵衛「カライテボ（女坑夫）」
田川市石炭・歴史博物館蔵

けて要領で移しきるごとなるちゃ、いっときかかりましたきね。体のこまい者はやっぱし損ですタイ。ハコを大きい踏み段に乗ってかやすとに、一回踏み外してから、どでんと体ごとハコの中に突っ込んだですきね、亀《がめ》ん子のごと手足バタバタさせて、夢中で這い上がったですが……。人に見せられる姿じゃない、みじめなもんですバイ。一人で泣きましたきね。

　街道の中ほどぐらいに、ちょっとした欠け穴があって、そこにテボおいて一息つく人もおったけどが、私は背が低いで、テボがのせられんでしょうが。けど、途中よこいしちゃならん。立ち上がるとがきついですき。コマが回るごと、わき目もふらんごとして、ショッション、ショッションからうがいいとです。水に濡れて、雫《しずく》のたれよるテボかろうてですバイ、「勇まし姿」なんち歌いよったとですきね。それも夜の夜中に……。

　今の人に話したちゃわからんやろうが、うそやないとですよ。セナこぶもあるし、昭和四年の十四の時やったとです。卸の切羽で、テボかろいの合間に水の汲み出しして、恐ろしい目におうとりますタイ。天井からボタボタ落ちる水がたまると、バケツに汲んで、五十メートルばかり担い上げ、古洞《ふるとう》に捨てに行きよりました。石炭は「黒ダイヤ」ち言うでしょうが。本当にキラキラ光って美しいとです。水を捨てに行きかけて、立ち止まってそのキラキラを見よったら、いきなりバラバラと天井から砂粒げんとが落ちてきたですき。前の方の枠足がゆるっと傾いたごとあってから、「早よ昇れっ」「早よ来んかっ」と男たちの声が呼びよりますタイ。古洞の方に行く者はだれ

かやす　ひっくり返す

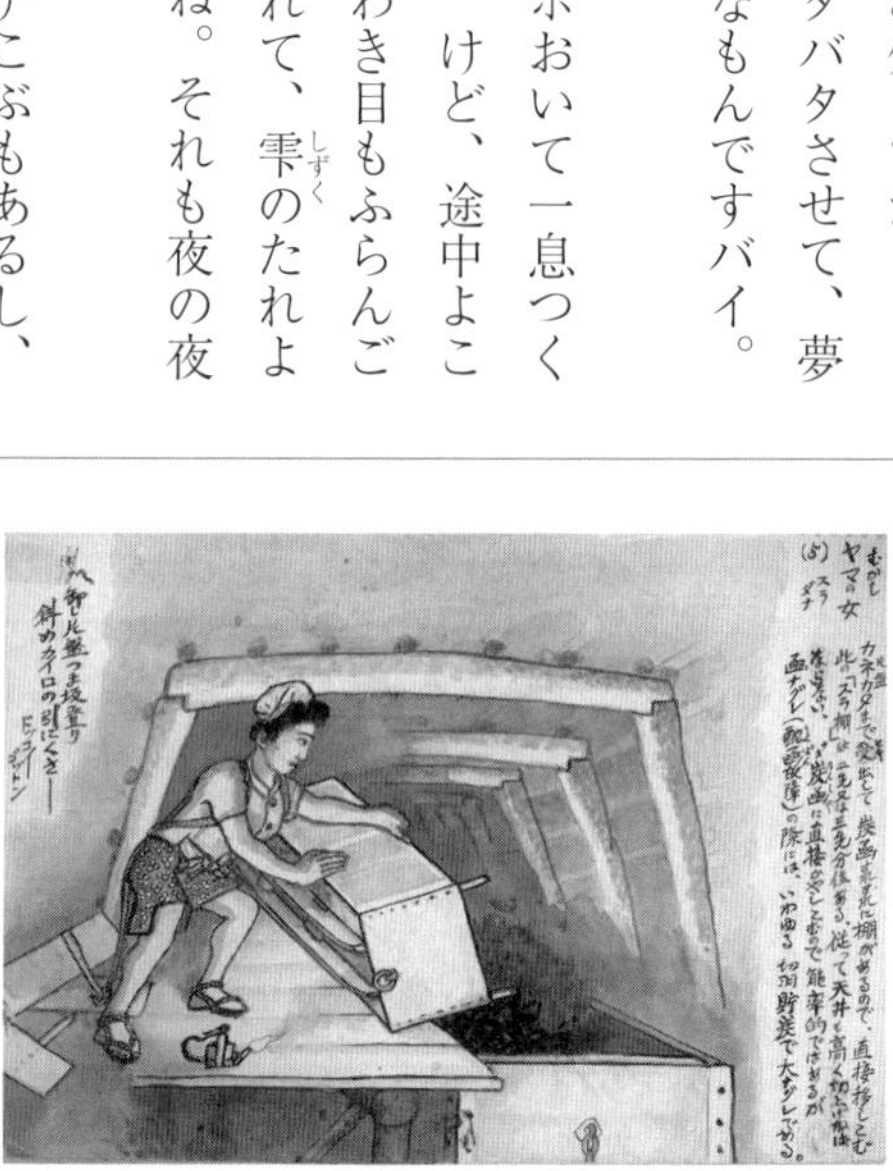

山本作兵衛「むかしヤマの女5（スラダナから石炭を函に移す）」田川市石炭・歴史博物館蔵
© Yamamoto Family

途中よこい　途中休息

砂粒げん　砂粒のようなもの

枠足　坑道を支える木枠

もおらんと。私一人ですきね。おいさんたちから抱え上げられた時は、もう古洞の方はガサーッと落ちて、何も見えんごとなっとりました。

あの時、あの石炭の美しさに見とれて立ち止まらんやったら、私はあのまま水捨てに行って、もう戻っては来れんやったかわからんとですきね。朝晩見慣れたはずの石炭が私を呼んでくれた。私を助けてくれたと思うちょります。

兄は職工の見習いで八幡の機械工場に入りました。まわりの知った人が二人、相次いで事故に遭《お》うて亡くなったとですよ。ハコが走って来たり、ガスに遭うたりしてから……。それで両親は兄を炭坑にやりきらんちゅうてですね。そんなら私もやめさせるかちゃあ、そうやない。私は米びつで、当てにされとるですき。

切羽では五分五分の賃金もらうけど、災害も五分五分、女やき事故に遭わんちゅうこたないとですバイ。げんに私は、おおかたで、天井の下敷きになりよったとですきね。なんちゅうても長男は大事にされるとですが。

私も同じ年の友だちを死なしたですき。大岩の下になって即死の状態やったですが、その大岩のけるとにマイトかけるちゅうことになってから、その時、私は岩にしがみついて大泣きしちょります。「ハルちゃんが死ぬき、マイトかけたらいけん。ハルちゃんを助けてーっ。マイトかけんでおくれー」。もうたいがいな、おらんじょるですばい。あとの捲きのハコが来たら積み上がりという時やったとです。もう帰りが近うなってから何ちゅうことかと、何かに叩きかかりたいごとあったですき。

おおかたで　すんでのところで

結婚は十八の年。家で飼っていた鶏が逃げて、追いかけ回しよる時に仲立ちが来て、私ゃ何も知らんで、トオ、トートオと大声で走り回りよりました。仕事帰りで顔もろくに洗わんままやったですよ。相手は炭坑の馬丁《ばてい》長屋と馬小屋の頭領をしよったとです。親同士が知り合いやったもので、それで決まってしもうたです。頭領と言うても父親がおったので、主人は見習いのようなもので、馬丁もしよりました。

炭坑の馬は対馬産の小さなおとなしい馬と言うけど、初めのうちは傍に行くのも恐ろしかったですよ。可愛がってやれば馴れるからと、主人が優しい人やったですきね。私の手を取って馬の扱い方をよう教えてくれましたタイ。坑内馬は炭車三カンを引いて曲片《かねかた》から捲立《まきた》てを往復し、暗い中なのにカンテラの明かりでよう働くと言って、主人はとても馬を大事に可愛がっていました。

坑外の馬は坑口から選炭場まで四カンを引き、馬方の賃銭は請負制なので、おおかた採炭夫の倍くらいになったようです。坑内で何事か非常があって、詰の方から人が引き上げて来るので、馬方も引き上げようと手綱を引くけど、興奮した馬がなかなか動かずに困ったといううわさを聞くと、私もドキドキして、坑口まで迎えに走ったことがあります。馬は家族げなもんですきね。

主人とは八年連れ添いました。男の子が四つと二つになった昭和十七年に召集がきて、そのまま行ったきり。二十年の四月、南方で戦死しました。夏には戦争が終わるというのに……。甲種合格のあのりっぱな強い体が、畳のへりのげな小さな木の名前

馬丁長屋　馬丁とは馬の世話全般をする人のことで、その人たちが住む木造の住宅

炭坑の馬　坑内外で石炭を運ぶ作業馬

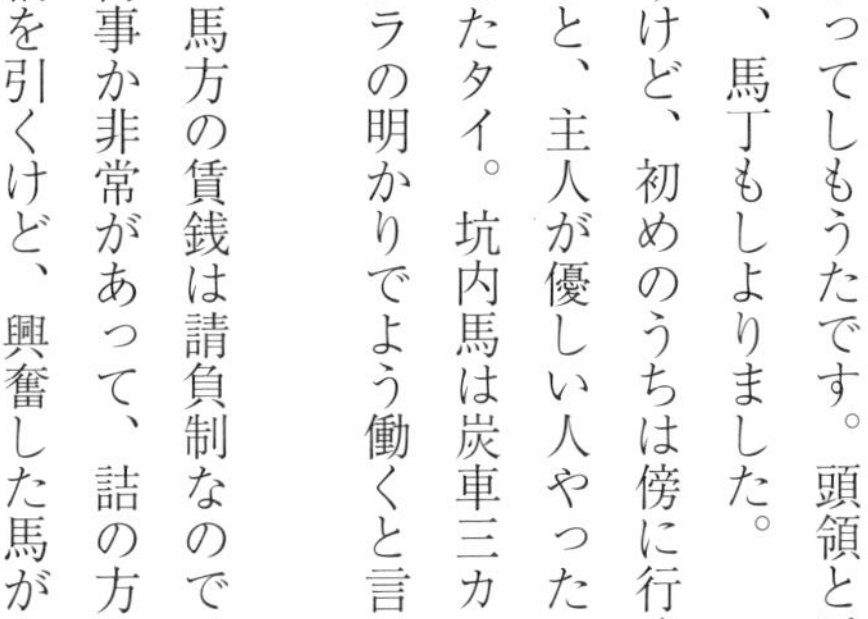

山本作兵衛「坑内馬」
田川市石炭・歴史博物館蔵
© Yamamoto Family

小さな木の名前札　戦争中に戦死公報が入り、家族に渡される白布に包まれた遺骨箱には遺骨はなく、氏名を書いた木

札になって帰ってきたとですよ。馬を頼むと言った主人の言葉を守って、無事に帰ってくるまでがんばる覚悟でした。出征の前の日に、米で炊いたうすいお粥《かゆ》を少しずつ手にとって、馬に食べさせながら別れをしていた主人の姿は忘れんですバイ。

主人が戦死したあとも、そのまま続けたですきね。両親と二人の小さい子がおるき、ここを離れてどこへ行く当てもないでしょうが、泣いてばかりはおられんとです。義父が元気で馬の世話をしてくれる。姑に子供を任せて、主人の分まで働かなと思いました。六頭の馬の世話は容易なことやない。朝五時前にバケツ一杯の小麦湯を飲ませる。そのあとハミ桶一杯のエサをやるとですが、馬は食べ終わるまでひまがかかり、桶一つに一時間はかかるので、十一頭全部を引き出すまでは戦争ですきね。馬が出た後は、小舎の掃除、ワラを替えたり、ハミ切り、次のエサの用意をしたり、その合間には小麦湯を飲ませなならんとです。

大ヤマは、坑内馬は目の刺激を防ぐため、日が落ちてから坑内へ入れたり、出したりして、一週間くらいは中へ留めていたというけど、小ヤマには、地底に馬小屋は造れんですきね。面倒でも毎日昇坑させるので、帰ってくる馬を迎えて、また一働《ひとはたら》きせなならんとです。湯で足を洗い、ワラで体を力いっぱいこすってやる。水を飲ませ、エサをやる……。全部の世話が終わったら、もう十時を過ぎますきね。それから私の夕飯ですき。姑さんがいてくれるきこそ、子供も安心して任せられる。話相手にもなってもらえるとです。馬の扱いは義父に頼って、私は体を動かして手伝いです。体は

の札が一つ入っただけの場合が多かった

ハミ桶　牛馬の飼料を入れる容器。飼葉桶とも

ハミ切り　馬のエサ切り

す。

きつかったけど、これくらい忙しい方が、よけいなことを考える間がないでいいとでした。

「愛馬行進曲」という歌があったですが、主人の好きな歌で、馬の世話をしながよう歌いよりました。私ゃ今でも全部歌いきるですバイ。声に出して歌うことはせんじゃったが、忘れることはない。私の行進曲ですタイ。主人とつながるたったひとつの歌ですきね。そうてんてら安う歌う歌やないとです。坑内馬は脚を傷つけたら、もう使いものにならないので廃馬にされるとです。性悪でてこずった馬ほど気弱になって甘えてくるでしょうが。哀れで何ともむげないです。そんなつらい思いをして別れた馬もおりましたタイ。

戦後はもう馬を使う時代ではなくなり、十年後には馬どころか炭坑がつぶされ、坑夫の労働者が打ち捨てられていく時代になりましたきね。坑内馬と同じですタイ。馬丁納屋をやめた後、両親は急に元気をなくしたようになり、相次いで亡くなりました。名古屋で働いていた義弟の世話で、長男は名古屋に就職ができて旅立って行き、次男も中学卒業と同時に、兄のいる名古屋に行ってしもうたです。子供たちは自分の道を歩き出しよる。

さてこれから、私も思うように拾い仕事でもして働こうと思うたところで、さあ困ったです。炭坑が皆のうなっとるでしょうが。私は女坑夫で生きてきたのに、その仕事がひとつもないっちゃどうしたことかねえ。子供たちに取り残されたげな気持ちに

愛馬行進曲　昭和14（1939）年に発売された軍歌で正しい曲名は『愛馬進軍歌』。作詞・久保井信夫、作曲・新城正一。戦地における軍馬の活躍や騎兵との絆を歌った馬への愛情のこもった作品

てんてら安う　気安く

なったけどが、負けてはならんですきね。馬丁納屋におった人がボタ山のボタ土を水洗いしよると聞いて、そこに働きに行きましたタイ。もうそれから後は土方仕事やら、地突きの綱引きやら、労働仕事ばかりしてから、失業対策事業に入りました。

筑豊の炭坑から、どれだけの人が働き口探して出て行ったもんかね。中学の子供までが働きに行ったとですよ。「金の卵」と言われておだてられて、いいしここき使われて……。私ゃ腹がたつよ。第一、私はめん鶏やないき金の卵やら産まん。坑夫の子は産んだけど。その子は集団就職で名古屋の工場で働きよりますきね。辛抱して働いておくれと思わん日はないですバイ。

死んで主人と出会うても、私とわかるやろうか。子供の年よか若死にした人やきね。この婆さんはだれかと思うやろが、「愛馬行進曲」を歌うたら思い出してくれるはずですき、それまでもう少し待ってもらいましょうタイ。

夜遅くタエノさんから電話がかかってきた。タエノさんとは昼間あったばかりである。電話の声が弾んでいた。

「今から『愛馬行進曲』を歌いますきね、さっき全部思い出したとよ、忘れんうちに歌わなと思うて……」

終戦の年に戦死した夫の保さんは小ヤマの石炭を運ぶ馬丁納屋の頭領だった。この

地突きの綱引き　土地の地固めのために複数の人が複数の綱で一本の大きな柱を上下させる労働のこと。その作業を行う人や作業時のかけ声から「ヨイトマケ」とも言う。一定のリズムを必要とする作業であることから地突き歌が数多く歌われた

金の卵　若くて貴重な人材。戦後日本の高度成長を支えた若年（中学卒業者）労働者を言う

歌が好きでよく歌っていたという。昼間、タエノさんはそれを歌おうとしたけれど、歌詞が切れぎれになって、三番まで全部歌えるはずの歌が不本意なまま終わってしまっていたのだった。戦時中に少国民だった私も歌っていたのに、うろ覚えでは役に立たず、タエノさんはすっかりしょげていた。

そしてこの夜の電話である。寒い夜で時間も遅い、近いうちに聞きに行くので早く寝《やす》んで風邪をひかないようにと恐縮して言ったのに、タエノさんから叱られてしまった。

「年寄りの命なんて電気のスイッチをひねるげなもんばい。貸し借りを残さんごと、約束事は早く片づけなね。せっかく思い出したお宝の歌ばい。聞かな損するよ」

タエノさんのお宝の歌は、正しくは「愛馬進軍歌」二番の歌詞である。

慰問袋の　お守りを
掛けて戦う　この愛馬
ちりにまみれた　鬚づらに
何で懐くか　頰寄せて

出征の日の間近に、保さんは戦時加配米で炊いた薄い粥を両手にすくって、六頭の馬それぞれに食べさせていたという。タエノさんの記憶にある夫の姿はいつも後ろを向き、湯気の立つバケツの中で馬の足を洗っている。

少国民　戦争中、銃後に位置する子供を指した語で、年少の皇国民という意味があった

「愛馬進軍歌」二番の歌詞　タエノさん歌ってくれた歌詞は上記のとおりだが、正確には次のとおり。

慰問袋の　お守りを
掛けて戦う　この栗毛
ちりにまみれた　鬚づらに
何で懐くか　顔寄せて

慰問袋　戦地の出征兵士を慰め、その不便をなくし、士気を鼓舞するために日用品などを入れて戦地に送った袋で内地の女性たちが作った

戦時加配米　昭和16（1941）年から米の配給制が施行され、19年になると質量ともに不足状態になった。炭坑は重筋労働者としての労務加配（1合140グラム）が認められていた。

顔が見られないことは悲しいけど振り向いたらどこの婆さんが立っているのかと驚くだろう。それも悲しい。

赤紙一枚に隔てられた夫婦の大河のような五十年の歳月を繋ぎ止めているのはタエノさんのこの行進曲なのだった。忘れてはならない「ひとつの歌」を心の底で一人黙って歌い続けてきたタエノさん。

時々ひょっこり面白いことを言って、まわりを笑わせ、福祉センターで一番大きな声で笑っている人である。

昭和57年３月、松本トミコさん宅で炭坑歌の採集

それでも歌かい、泣くよりゃましだよ

女たちの労働と暮らしの歌

好いて好かれて惚れおうて
一夜も添えずに死んだなら
私ゃ菜種の花と咲く
おまえ蝶々でとんで遊ぼ

三十年近く女坑夫で働いた河島タカさんが炭坑節の節回しで何度も歌ってくれたこの歌が忘れられない。元唄は「ストトン節」だが、これはタカさんの「炭坑節」なのである。

近くに住む一人暮らしの松本トミコさんの家にはカラオケセットがあり、老女たちのたまり場になっている。ここで聞き覚えたのが「ジャンコ節」と「バリバリ節」である。

サマが馬丁すりゃ馬まで可愛い
私がからいましょぬか袋　ジャンジャン

かつて筑豊では「坑夫と馬車引きのけんかを人間が止めた」という差別意識丸出しの言葉があった。あえて自分の恋人は馬丁であると公言し、エサのぬか袋を背負う馬を思いやる女性の、強さと優しさを歌にした詩人がいたのである。何という心強い存在であることか。

「バリバリ節」という歌がある。ヤマの即興詩人たちが口々に作って歌った歌なのか……。

いやだいやだよナー　今日この頃はナー
五銭バットも買いかねるナー
　トコ　バリバリナー
朝もは早よからカンテラ下げてナー
切羽に行ってみりゃボタばかりナー
　トコ　バリバリナー
ウチのサマちゃんナー　卸にゃやらんナー
卸や火なぐれ水なぐれナー
　トコ　バリバリナー

辛い歌ばかりが続いたり、涙の出るような話になると誰かがいきなり歌い出す。

油勘定してナー　早よから寝たらナー

米の高いのに子ができたナー
米の高いのにナー　双子ができてなナー
お米・お高と名をつけたナー
トコ　バリバリナー

すかさず合の手が入る。

「それでも歌かい、泣くよりゃましだよ」

賑やかな笑い声と一緒に歌も終わりになるのだが、初めてこの合いの手を聞いた時、なんだか胸の中がじーんとして涙が出そうになった。そうだそうだ。泣くよりましの開き直りで女たちは地底の労働に打ち向かっていったのだ。ヤマの即興詩人も歌で励ましてくれる。

歌でやらかせこれくらいの仕事
仕事苦にして泣こよりも　ゴットン

歌は選炭場から流行《はや》ると言われる。即興詩人たちはここにもいるのである。

石炭に混入するボタを手選する単純作業の深夜労働は、眠気との闘いだった。立眠りはベルトのヨロイガネに手を挟み危ないので、眠らないように歌っていたという。

寝たい眠たい　寝たならよかろうサイ
サマと寝たならサイ　なおよかろう
サマの顔見りゃ　眠たい目も覚めるサイ
サマは眼医者かサイ　目薬か

選炭婦アキさんの好きな歌である。夫は戦場へ行き遂に帰らなかった。幼い男の子二人が残された。夫を戦争に奪われたアキさんが、サマに抱かれて眠りたい、と歌いながら戦争を支える石炭増産の深夜作業に働く姿は哀切である。

戦後、夫の遺骨が帰ってきた。遺骨といっても、中には名前を書いた小さな木札が入っていただけである。

さて深夜の選炭場、コンベヤーの石炭を見ているだけで、トロリと立ち眠りに誘われてしまう女たちを賑やかに目覚めさせてくれるこんな歌もあ

山本作兵衛「撰炭機での作業（撰炭婦）」田川市石炭・歴史博物館蔵　© Yamamoto Family

った。コンベヤーの両側に並ぶ女たちの掛け合いで歌われたという。

昨夜《ゆうべ》チラと見た選炭場の裏で
　逢引《あいびき》しよったはわし《（私）》がサマ
サマを盗《と》られて泣くこたいるか
　甲斐性あるなら取り戻せ
いらん世話やく選炭場の女郎《めろう》が
　やいて良い世話親がやく
いらん世話でもやく時ゃやかな
　親のやけない世話もある

（ジャンコ節）

ヤマの即興詩人たちは数多くの多彩な詩を作ってくれたが、曲は借り物で歌いたいように歌えばいいというおおらかさがいい。

ヤマの女たちを慰め、励まし、元気づけ、明日へ立ち向かわせた無数無名の即興詩歌人たちへ、共感と感謝の思いを捧げたい。

かけもち坑夫

天気がいいと外ばっかり出とります。畑仕事したり、まわりを片づけたり、老人会のゲートボールに行ったり、時には公民館の寄りごとに出かけたり、健康の話とか交通の規則とか、いろいろ教えてやんなるとです。昼間から家でじいーとテレビ観るちいうことは、あんまりないですバイ。今頃のテレビは、キャーキャー言うてせわしいき好かんです。たいていは畑へ出ますタイ。そげ野菜作ったちゃ食べ手がない、と家の者から言われるけど、畑を遊ばして草だらけにしたら、みたむないでしょうが。

あのひもじい時代に、どれだけ土おこしてイモやらカボチャやら作ったですな。それを食べて太りあがったくせに、文句ばかり言うとです。炭坑に下がりながら、その片手で田を作りよったですきね。うちの人が戦死してからはずうっと働き通してきたとです。隣遊びも行く間がなかったですバイ。今は結構なもんですタイ。老人会の旅行が楽しみで、何ごとかんごとでもありゃ、すぐかたって行きよります。戦死の金やら年金やらあるき、家の者にも土産《みやげ》を買うて帰られるですタイ。七十になって、やっと自分の自由ができるごとなったですきね。

土地の者ならヤマからヤマへ移り替わりするこたなかろうと思うて、田を作っても

みたむない　みっともない

何ごとかんごと　何かにつけて

かたって　つれだって、参加して

戦死の金　昭和27（1952）年に制定された「戦傷病者戦没者遺族等援護法」基づく遺族年金

いい、年寄りがおってもいいと覚悟して、農家のかけ坑夫の所に嫁いだとに、男は戦死する、田畑は作らな、現金も稼がなで、いっときは一つの体を二つに使うて働いてきとるとです。先に死んだ者はいいよ、何もかも私に押し付けて……、と恨んだ時もありましたきね。今になって思えば、戦死した者が一番浮かばれんですバイ。私はおかげで旅行にも行ける身になったけど、一人で行くよりも、やっぱり二人で行きたかったと思うですが……。苦労話の相手なしも淋しいもんです。子供を育てあげ、年寄りを見送り、ほっとしたら、もう腰が曲がろうごとなりよる。「なあもせんでいいよ。好きなことして楽せなタイ」と子供たちは言うてくれるけれど、さて、好きなことちゃ、ないとです。なんち働くばっかりやったですきね。

かけもち坑夫

兄夫婦について坑内に下がったとは十四の年、ちょうど御大典《ごたいてん》の明けの年やったとです。サラシのシャツと、かすりのマブベコ、兄嫁が縫うてくれたですが、後ろはお尻が隠れるほどの長さ、前は膝の上までの短い丈の腰巻き一つが作業着でした。色気もすこ気もない腰巻きでも、娘のものはちょっと工夫しとったです。紅のかすり柄とか、両端の角を船底型に丸みをつけるとか、裾の横糸をほどいて房にするとか、それが娘のおしゃれでしたと。

私は豊後の田舎で子守り奉公しとったですが、兄嫁が今月腹かかえて働きよったので、兄に呼ばれて炭坑に来たとです。それが目ん玉に指突っこむげな急な話で、炭坑がどげな所かよう知らんまま出て来とりますタイ。早い話が食べ物につられたとです。

かけ坑夫　炭住には入らずに自分の家から通勤して働いていた坑夫

御大典　即位の礼・大嘗祭と一連の儀式を合わせた天皇の即位儀礼。ここでは大正天皇崩御後の昭和３（１９２８）年に行われた昭和天皇の即位儀礼のこと

すこ気　素気

奉公はひもじかったですもんね。食べに行ったら、おひつの中が空っぽの時もありよったと。炭坑では、味噌こしザル一杯イワシ買うて食べよると、そげな話を耳に入れて来たとです。「赤い煙突目当てに行けば、米のマンマが暴れ食い」と言われていた時代でした。

坑内仕事に慣れるまでは泣こうごとあった。段々畑の登り下りなら慣れたもんタイ。けど坑内のあの暗すみで、それをするとですきね。二番に下がる時は、外はまだ日がカンカン照りよる中で、まっ黒な坑道を歩いて下がらなならんやろ。行こうごとなかったですよ。入って行けば、カニが這うげな低い所で、破れワラジを膝に当てて、しゃがんで膝で歩かなならん。そげな所もあったとです。何の仕事も慣れるまでは辛抱せなですタイ。

私はテボかろいしよったですが、片手にカンテラ、片手に撞木杖《しゅもくづえ》ついて登り上がると、汗がスダレのごと落ちる。落ちる汗は、ふうっふっと口の荒息で吹き散らして登りよったです。背中は重いし、足はだるい。うわ息が上がって胸が痛うなりますタイ。それでも、テボがカラになると、卸《おろし》の方さへ走り下りよったですバイ一杯でも余計に数かろいしてこなさなと思うて……。

何であげ働いたもんですかねえ。昭和の初め、その頃の坑内日役が三十五銭、採炭で一円五十銭ぐらいになりよったと思います。二円超したら「今日は二円盤切った」と言って酒盛りがありよったです。私はただ兄から小遣い銭をなんぼかもらうだけですタイ。計算なんかわからんですが、とにかく体を動かさんことにゃ、金稼ぎはでき

味噌こし　味噌をこす竹製のザル。すりこぎを使って味噌を溶いた

赤い煙突目当てに行けば……「ゴットン節」の一節。各炭坑にはシンボルとなる煙突があり、そこへ行けば稼げると言われた

撮影・平田和幸氏

んということだけは、身に滲みとりました。

十八で結婚して、翌る年にはもう男の子の母親になったとです。三反百姓の夫は、農閑期になると近くの小ヤマに働きに行きよりました。豊後の私の実家も同じような農家で、次男の兄は早くから炭坑に志願して、筑豊さへ出てきたとですき。浮草のげな炭坑納屋の暮らしを思うと、何ぼかでも田畑があり、住む家があることは強いですバイ。姑も妹もおるので、私は現金稼ぎに日吉炭坑の選炭場《せんたんば》で働きよったです。

選炭場は、あの眠たいとがたまらんですきね。ヨロイという鉄板のベルトの両側で、石炭とボタを両手で選り分けるとですが、ついトロッとなりよったです。私はちいと、とんぴんつきよったですき、一度、皆の目を覚ましてやろうと思うて、石炭に混じって流れてきたマイトの古いピスを、こそっと知らんふりして拾うとりました。金具だけやき、たいしたこたあるまい、パチッというくらいやろと思うて、わからんごとして後ろにあった七輪の中にポンとほねこんだですタイ。

ところがさあ、それからが一大事ですき。火薬が残っていたのか、七輪が吹き飛び、電気が一瞬に消えてしもうて大騒動やったです。まさかこげな騒ぎになるとは思いもせず、私は恐ろしさに棒立ち、皆も何が何かわけがわからずにキャアキャア言うて、青うなっとるとです。桟橋の方から係員も走ってきて、どうしたどうしたっと大騒ぎになったですきね。今さら悪さをしたとは言いきらず、知らぬふりですませたものの、ケガ人が出らんでよかったですバイ。ほんと。

「ゴットン節」とは坑内唄のひとつで、ゆったりとしたテンポのブルース調。労働現場の実態から恋愛まで、歌詞は数百にものぼると言われる

うわ息　呼吸

坑内日役　坑内労働の雑役

盤切る　普通にできないことをやってのける。自分で決めた目標の数字を達成する

三反百姓　非常に零細な農家、水飲み百姓

選炭場　掘り出された石炭から不要なボタを取り除いたり、品質をそろえたりする場所。古くは選炭婦といった人の手により行われていたが、その後、水や油での機械選炭になった

ビス　雷管

ほねこむ　放りこむ

選炭場でよう歌いよったです。眠気ざましで次々に。向いおうた、あっち側とこっち側で、かけ合いで歌うたですバイ。頓智のいい人がおんなってから、即興で、その場の歌ができるとですきね。歌は仕事の加勢するち言うが、ほんと、そげですが……。

寝たい眠たい　寝たならよかろサイ
サマと寝たならサイ　なおよかろ
サマの顔見りゃ　眠たい目もさめるサイ
サマは目医者かサイ　目薬か

いらん世話やく他人のことに
やいてよい世話親がやく　サアゴットン
いらん世話でもやく時ゃやかな
親のやけない世話もある　サアゴットン

何ぼでも歌は知っちょったですバイ。けんど、もうみな忘れちょりますタイ。今頃こげなばからしい歌なんち、だれが歌うですな。遊びで歌うとやない。仕事にあかんごと、眠らんごと、こげなしょうもない歌で笑うたり何たりして仕事のはかがいきよったですきね。

「ジャンコ節」なんち、よう歌いよったねえ。

頓智のいい人　頭の回転の速い人

サマ　恋人、情人

サマが馬丁《ばてい》すりゃ馬まで可愛い
わしが持ちましょヌカ袋　ジャンジャン
サマが捲き方すりゃ合図線が可愛い
わしが引きましょやお捲けと　ジャンジャン

低い街道をスラで運ぶ、テボをかろうて登り上がる。まともに腰伸ばすとは、曲片《かねかた》に出て、排水のパイプに腰かけて弁当食べる間くらいやろうか……。

いつも中腰で、腹の子を押し殺した、七ヶ月まで生きとったのに、エナが首に巻きついとったとか、そんな話をよう聞かされよったです。お産のあとはいっとき下がられんですきね。女がよこうとなると、一日でも手前で長う働いとかなならんとです。それやき、つり鐘のげな腹かかえて下がるとですタイ。農家も炭坑も、貧乏所帯の女は同じです。今月腹抱えて、生まれるまで働いて、今日は姿が見えんが、と思うたら「ややがでけちょったげな」というげなもんですきね。

天井に荷が来て、バシーッと木の裂けるげな音がしよる。行きは押し出したハコが、帰りにはもうつかえるようになって、バレかかっとる切羽は、掘ったあと、帰る時には道具を曲片まで持って出とかなならんです。明日来るまでにバレてしもうたなら、道具が埋まるでしょうが。道具は坑夫の手持ちやき、一つでも失わんごとせなですタイ。

ヌカ袋　馬のエサのヌカが入った袋
捲き方　捲き上げ機を操作する人
やお捲け　やさしく捲け
排水のパイプ　坑内に流入した、地下水や河川の地表水、海水、古洞の貯溜水などを坑外に排出するポンプ。坑内に湧出した水は作業を妨害したり、突発的に流入して災害の原因になる
エナ　胞衣。胎児を包む膜や胎盤。ヘソの緒
天井に荷が来て　天井が下がって

今月腹抱えた者は、こげなイザちいう時が恐ろしいです。まかり間違えば二人死ぬかもしれんとですきね。

最初《はな》のうちは、からいテボの石炭と一緒に、ハコの中に逆たくりに頭突っ込んだり、ハコ押す手をハコの上に置いたばかりに、天井にこすって手の皮がすりむけたり、痛い目にようおうたです。目をつぶって、トンボ柱打っただけの間を走り抜けるげな気色の悪い所もあって、縁起も迷信もかつがなならんですタイ。油天井が抜け落ちて、夫婦一先《ふうふひとさき》が下になって死んだですが、嫁女《よめご》はスラを引こうとして、環《わっか》にカロイの先の鉤《かぎ》を引っかけたままでした。ほんのいっとき前まで、私とものを言うたとですバイ。死んだ後は寂しうて、そこを歩ききらんごとあった。ゾーンとするき……。それがいつの間にか慣れてしもうて、平気なもんですタイ。

人間いつどげなるかわからん。飲んで食うてチョンタイ、と思うごとなって、ハコ待ちする間に、ゴンゴン眠りよったですバイ。根が食べもんにつられて炭坑に来たげな人間やき、どこか糸が切れとるですタイ。でもそげな私が死に物狂いで働かなならんごとなりました。

かけ坑夫やったうちの人が出征し、目の悪い義父と義母と四人の子供を残して戦死したとです。年寄り子供置いて、行く者も行かれんごとあったろうと思うですが、お国のためやき仕方がないですタイ。

坑内仕事は現金稼ぎで、あとの時間は百姓仕事。わらじぬぐ間がのうなりました。

トンボ柱　T字型の間に合わせの柱

油天井　断層と断層との間や断層面に光沢のある面が上にある状態。すべってふいに落ちてくることがある

カロイの先の鉤　スラの引綱についていて、両肩にかけるわらの先（カロイ）を束ねてその先につける鉤

チョン　終わり

炭坑と田畑の往復で、三度の御飯はいつもわらじばきのまま、イロリで寝るげな毎日やったとです。十二時間働いてまた連勤して、今朝の六時から明日の六時まで丸一日働くこともあったです。戦争の時代、炭坑はいつも大出し日のげなもんでしたきね。うちは年寄りがいて、子供をみてくれるので助かったですが、そげな無理は長続きせんですよ。何かが犠牲になるとです。私は四つの末っ子を失うてしまいました。

その日は石炭がよう出て、やりきりじまいで早上がりしたとです。家に帰って、田の草取りに行く用意しよった時は、末っ子は縁でごろ寝しとりました。いつもはぶら下がって離れんが、後追いもせんで寝てごろごろ遊びよる。おとなしいのを幸いに、声をかけて甘えられるよりもと思うて、私は気のせくままに田んぼへ行きました。あの時、顔を見た時に、何で傍に行ってやらんやったか、何で言葉をかけてやらんかったか……。今でもそれを思うと情けないで、すわりこもうごとある。泣こうごとありますタイ。

日暮れに田からあがりよったら、上の子が迎えに来よる。あの子が熱があるち言うて。帰ってみたらひどい熱ですタイ。医者に行くとに負うて走る間、背中がたぎるごとあったですきね。あの子は疫痢《えきり》にかかって、翌日の昼頃死にました。たった一晩ですバイ。来る時と違うて今度は冷とうなった体を抱いて、病院から泣き泣き帰りました。私は仕事着のままやったです。

前の晩はおそくまで寝もせんで、子供らがキャアキャア言うて遊びよった。「えら

大出し日　会社が日頃の出炭量よりはるかに多いノルマを決める出炭奨励日のこと。この日は特別な賃金も支給される

やりきりじまい　予定量の仕事が完全に終わること

疫痢　赤痢菌による幼児の急性伝染病

い今日はとごえ回りよるねえ」と義母が笑いよったですが、ほんとにあの子も面白うてたまらんごとして遊びよったとです。明日、明後日のうちに親兄弟に死に別れならん、あの子の思いきり遊んだ最後の夜やったとですバイ。虫の知らせというもんでしょうかねえ。

ヤマを転々とする納屋暮らしがいやで、百姓してもいいと決めて村方に縁づいたですが、その私が我が子供を死なしたと思うと、仕事が手につかんごとなったです。

それでも私はこの家の嫁ですきね。しゅーんとしとったら年寄りが心配しますタイ。やっぱり私は働かなならんとです。田の草取りの途中で、きつうなって体が動かんごとなると、いっとき畦《あぜ》に腰おろして、おにぎりひとつ食べて、また気を取り直して立ち上がりよったです。お寺で習うた黒谷和讃《くろだにわさん》を詠うて一人で涙こぼしよりました。あの子は父ちゃんに迎えられて、可愛がってもらいよろう、遊んでもらいよろうと思うて……。それが私のなぐさめでした。

十四の時から十七年、そのおおかたは農閑期の日稼ぎやったですが、炭坑の仕事があることで、私ら貧乏百姓はどれだけ助かったことかわからんですバイ。働く時は、どこの小ヤマに行っても、シラ真剣で働いたですきね。曲片《かねかた》に自分のハコを押し込んで、上からスラ引き下す者、下からからい上げてくる者、女もよう働くですバイ、金も男と対々ですきね。男よりも余計取るものもおった。

その代わり危険な目にも遭いますタイ。私は一度だけケガしたことがあったです。

とごえ回る　騒ぐ、喜びはしゃぐ

黒谷和讃　浄土宗開祖法然（円光大師）の教えに曲を付した御詠歌。「帰命頂礼黒谷の円光大師の教えには人間わずか五十年……」と続く

シラ真剣　白刃のように真剣に

天井につり岩の出ることがあって、この岩が危ないとです。ツルの先も受け付けん。こねても動かん。マイトをかけても落ちんげな堅い岩で、手に負えんとが、盤がゆるんでくると、ひょこっとだましに、スポッと抜け落ちるとです。油断ができんですタイ。

日吉炭坑におった時、このつり岩が落ちて、死ぬげなめにおうたですきね。つり岩の下によかスミがあったき採りよりました。線香ナル木で、何本か束柱《つかばしら》を打って岩を支えてあったき、上を見い見い、掻き板で炭をさらえよったら、小頭が回ってきて「知らせがあったらすぐ逃げなぞっ」と、声をかけたです。「わかっちょるバイ」と返事したものの、そげえすぐには落ちはしめえと思うとった。それがタイ。いっときもせんうちに、裸の肩にバラッと何か落ちてきたですきね。これが知らせかっと思うたとたんに、体を横さへかわして転がり逃げ、それと同時に、一間半ばかり黒煙になって岩がドサッと落ちてきた。小ボタが頭にとんできて血が流れだし、カンテラは消えてまっ暗になったです。「しいちゃんが埋まったあ、岩の下になったあ」と大騒ぎになったけど、危機一髪で助かったとです。頭の傷は三針縫うただけで、ほんと命拾いしました。仕事着なん着こんどったら知らせはわからんです。裸で働くきこそ身が守られたとですバイ。

戦争が終わってからいっときして、女は坑内に入れんごとなりましたきね。親たちも年をとり、目の悪い父は外歩きも危なくなったので、農作業は全部私の仕事になっ

つり岩　天井に食い込んでぶら下がっている松岩（固い石）

線香ナル木　細いナル木のこと

束柱　どうしても地面に落ちない岩を支える柱

一間半　約２７０センチ

て、もう炭坑には行けんごとなったです。あれほどあった炭坑がのうなってから、私の足跡も消えたげなもんですバイ。たまに炭坑の話をしてみても、「そげな古い話して何なるな」と、子供らは聞こうともせんですきね。そげなもんですかねえ。何ぼ古い話と言われても、それで子供を育ててきたとです。炭坑に縁がないとは言わせん。みんな私の今月腹の中に入って、坑内に下がっとるとですき……。

撮影：山口勲氏

腰巻きからげて

嫁、嫁と言う間は　わずか夢の間で
カカの短さ　婆《ばば》の長さよ

時の流れの速さを教えたこげな昔の歌があったですがねえ。その文句のまま、六十年の後家一筋で、今が八十四歳ですタイ。尋常六年を出て、一年ばかり女中奉公に行って、十四の時から養い親について坑内に下がったとです。

二十で結婚して、二十五の時はもう後家になったですもんね。子供は三人目が主人に死に別れたあとにでけた位牌子《いはいご》ですタイ。義父と、十三の義弟だけ残して家を出るこたできんでしょうが。嫁のままで、義弟を連れて坑内に行きました。

主人がチフスで死んだ年は、続いて一つ年下の義妹が死に、子供も一人死なしてしもうた。みな同じ病気やったとです。一年のうちに続けて三つ葬式出してみんさい。涙も出つくす、金も出つくす、力も出つくす、何もかんも出つくして、借金の山ができた。本当に残ったもんちゃ、位牌子と借金と、家族の暮らしの荷がどかーっとかかってきたですきね。泣く間もないごとあったです。泣きもされんで借金済ますまでの七年間は、働くも働かんか、いっときでもじいっとしとらんごと働いたです。再婚話もあったけど、年寄りと子供と借金抱えてそげなだんじゃない。母親が私ら子供三人連れて再婚しとるですき、真ん中の私はあっちへやられ、こっちへやられ、外に出されてばかりでした。子供に難儀をかけると思うと、再婚だけは絶対せんと心に決めちょったです。生みの親と、養い親と、義父と。子供の時から義理の多い暮らしでしたきね。気をきかせて働くことが、いや応なしに身についてしもうたとです。

もの心ついてから、どこに寝とっても、朝起きる時にはふとんのツマを握って、起き上がると同時にふとんをたたむ。そげなふうですタイ。尋常小学校に行かせてもらうことが約束で、伯父の家に養われたおかげで、字の読み書きができるごとなりました。これが一生どれだけ役に立ったことか……。

坑夫の子は、上から上から、親について坑内に下がったり、奉公に行ったり、子守りやら家の加勢やら、まともに学校なんち行かれんことが多かったですきね。坑夫の子が学問したっちゃどげするか。そげな考え方やったとです。今のごと親がのぼせたくって子供に勉強させるげなこたなかったですバイ。私ゃもの覚えがよかったので、学校は楽しかった。長い人生で楽しかった時代はこの頃だけ。あとはもう働くばかりで、すったりですタイ。

夫婦二人でハコ一カン、三人おればハコ二カンもらわれるので、「おまえハコ取りに加勢せんか」と伯父に言われて、坑内について下がったのが十四になってからでし

腰巻きからげて

すったり　さっぱり

た。その下がりはな、ようやっとテボからいにも慣れた頃、私はハコ出しよって、人に大ケガさせてしもうたです。石炭を積んで押し出すまで、車輪にボート打って、歯止めをかけとったですが、出してもいいと合図があったので、ボートをはずしてハコが動き出したら、前の方に人がこけとんなった。ハッと思うて、どげえかしてハコ止めなならんと、力いっぱいハコにぶら下がったけど、子供の力じゃどげんもならんとです。そのままハコが動いてその人に当たってしもうた。

さあ大きな大ごとした。どうしたらいいかわからん。私が死にゃよかったと車道にしがみついて泣き狂うたです。その人は新婚の嫁さんやったと。いよいよ新参で下がってきたばっかりの人やったと。私に力があればハコを止めきったとに……と思うて、「よっしゃんを殺したあー。もうウチは上には上がらん、ここで死ぬるうっ」と泣きおらんだけど、車道から引き離されて、皆に抱えあげられてとうとう連れ帰された。その日に限って、伯母さんは他人の先山さんについて行って一緒におらんやったとです。その人の頭がホテイさんの（腹の）ごとなっとったのを見たですきね。もし死になったら私も死のうと決心して、朝晩仏壇の前で拝みよりました。

何日かして養い親と一緒に見舞いに行ったら、「もうだいぶ頭もこもうなったき、心配せんでいいばい」と言うてやんなった時は、また泣きかぶってことわり言うたです。

坑内ちゃ命がかかっちょる仕事ですきね。真剣勝負で働かなならん。自分の体と同じ、人の体も大事にせなと骨身にしみて思い知らされました。もういやだと思うこと

ボート　走り止めに車輪に差し込む細い木

に何度も遭うけれども、ここで私は食うていかなならん。炭坑は私の米びつですタイ。かじりついてでもここで働かなと思うちょりました。

それから二年ばかりして、実家の姉が坑内でボタに埋まったという知らせがあり、病院にかけつけた時にはもう死んでいました。見た目には何ともないようなので、死んだとは思えず、姉にしがみつき、医者にしがみつき、「注射してっ、早よしてっ、今なら生き返るき、早よ注射してっ」と泣きすがって言うたです。姉は長女やったために、家の加勢に手元に置かれ、早うから加勢ばかりさせられたと。妹の私は養女に出されて、学校も行かれて元気にしちょるでしょうが。姉が可哀想でならんやった。何かちいとでも楽しいことがあったやろうか……と思うてね。

坑内美人と言われよったんですバイ。粉炭が肌を痛めるので、衿化粧を真っ白う塗って行きよりました。十九になったばかりで、良か嫁女《よめご》になるバイと、そげな話もあったらしいが、弟を中学に行かせよったきですね。義父は、坑夫の子が中学に行くちゃぜいたくと言うて学資なん出してはくれんでしょうが、姉がその分働いて加勢しよったとです。自分の嫁入り支度は何もせんで。十八、十九ちゃ花ですがね。その花盛りにボタかぶって死ぬなんち……。言うに言われんむげないことですバイ。

坑内で死んだ人を連れて上がる時は、魂が迷わんごと「ここは〇〇片《かた》ぞー、斜めの曲がりぞー」などと言うて聞かせて一緒に昇坑するとです。姉もそんな声を聞きながら上がってきたとでしょうかねえ。泣こうごとありますバイ。姉の死をきっかけにして、私は伯父の所から実家へ戻りました。弟を中学に通わすためには、姉の代わりに働かなならんとです。弟は学校やめると言いよったですが、せっかく姉が働いてきたとが水の泡になるでしょうが。あと二年がんばって卒業できるまで私が加勢しようと思うたです。

伯父たちには学校を出してもろうた恩はあるが、まだ夫婦元気でばりばり坑内で働きよんなる。修身で「君に忠に、親に孝に」と習うたけど、伯父たちへの孝行はちょっと後まわしにさせてもろうたです。

私は十七になっとりました。友だちがお化粧しようが、芝居見に行こうが、私ゃ辛抱して働いたです。私の一生はその頃から働き女になるごと定められとるとでしょうタイ。ゆるっと遊ぶげなこたなかったですき。

あとで親孝行しようと思うていたのに、それが思い通りにゃいかん。一年の後に、今度は養母が坑内で炭車に当たって死んなった。脱線したそのどまぐれバコがつっかけてきちょるとやき。逃げようもないですタイ。なしてこげえ私のまわりで葬式出さないけんかね、毎年のごと。坑内に行くとはもういやバイと本気でいっときは思うたです。伯父がすがるごとして私を待っとりました。姉の見舞金が炭坑から下がって、弟の学資も何とかなりそうなので、私はまた伯父の所にもどって、主婦がわりで所帯をしました。そして、ここから嫁に行ったとです。

男も女も、坑内じゃ裸のごとして働くき、娘の時は間違いがあっちゃならんと、た

修身　戦前まであった小中学校の教科で、現在の道徳にあたる

所帯をする　家事一切をする

いてい身内の者で一先《ひとさき》になるとです。炭坑ちゃどこでも昔から家族ぐるみで働く所やったとです。

結婚した時、主人の妹がおったので、兄妹で連《つん》のうて切羽《きりは》に行き、私はたいてい他人の先山《さきやま》について行きよりました。五年足らずの結婚生活なのに、夫婦一先で働いたことがあまりないですきね。早よ死に別れるちゃ、やっぱり縁が薄いとですかねえ。義妹の方は、死ぬ時まで主人のあと追うごととして死んで、あの世まで一先で行ったげなもんですタイ。まあね、坑内はどげな事故に遭うかわからん所やき、二人して死んだら残された子供らが路頭に迷わなならんと思えば、別々で働いたほうがいいかもしれんけれど……。

盤下五尺で、私は一度埋まったことがあります。結婚して間なしの頃、先山二人に、女三人の後ムキがついて、曲片《かねかた》から延《ぬ》んで行って切羽を作るごとしよったです。掘進《くっしん》の仕事で、ボタがたいそう出るき、どんどん炭車に積みよったら、バリバリ音がして天井に荷が来よるごとある。「こりゃハコが出されんバイ」と思うて、急いで仕繰《しく》りに言うて、行って戻ってきたとたんに、ドサーッと落ちたです。私ゃふがよかった。気がつかんでハコでも押しよったらしまえとるとこやった。

五人のカンテラの火を二つだけにして、荷がおりあうとを待ってから、天井のきわをどんどんすかして行くと、外からも同じごとすかして来よる。こっちからと向こうからと声をかけて呼びあいながら逃げ道を作りよる間、助かるやろうかと心配して泣き出す娘がおりましょうが……。「心配せんでいいっ、必ず助かる。外からも声がし

腰巻きからげて

盤下五尺　地下一五〇センチ

ふがよかった　幸運だった

荷がおりあう　重圧がうまく落ち着いた状態

すかす　トンネルのように土を掘削する

よろうが、泣いて待っちょるこたいらんバイ。しゃんとせなっ」。私が一番年上やき、そう言うて励ましよったですが、死んだ姉のことを思い出して、私も不安でした。風が少し入ってきよったし、そのうち外からのカンテラの火が見えた。さあ今ならいい。荷がおりおうとる間に早く早くと、女から先にボタを掻き出して、上から這い出て、外から引っぱり上げてもろうたですが、最後が出たすぐあと、またドーッとバレてきた。恐ろしかったです。

一か八か、アッという間のことでした。仕繰り方もやおない。こげな所は、天井補強するとに何段か空木積《からこづみ》して、上にボタあげて荷のこんごとするんけど、一つケタが狂うと、こ積んだ坑木が崩れて死人が出る時もあるですきね。

三つ続けて葬式出した時は、私もチフスになって死にたかったです。先に死ぬとなら、なんで私に子を産ますかと主人を恨んだですバイ。けどが、泣き言を言う間はないよ。産んだ子は実家の母に預けて、坑内に下がったです。ここしか私の働き場所はないとですき。主人の弟はまだ十三で、坑内に連れて行っても何もしきらんけど、男の働き手にしとかな納屋を追い出されるでしょうが……。天井の良い箇所に有り付けてもろうて、私が先山になり、どげやらこげやらして、日に二カン、三カン出しよったです。

延先《ぬびさき》の後ムキに二人でついて行くと、「こりゃ後家のイシ《（石炭）》、こりゃ弟のイシ」と言うて、先山さんが私たちのために石炭を貯めてくれるとです。延先は一間延んで何ぼ

空木積　坑木を井型に組んで積み上げ天井を支えることで、「からこ」とも言う。井桁の中にボタなどを詰め込み支えを強くするものは「実木積（みこづみ）」と言う

ケタが狂う　組み方を間違える

男の働き手にしとかな納屋を追い出される　男にしか炭住を貸さない掟があり、女・子供所帯になると住むことができなかった

の計算で、曲片《かねかた》に金がかかっとる。石炭出しても切り賃が安いので、それを私たちに回してやりよんなった。一カンでも石炭を出せば私たちはその分金になりますきね。「一カンあるかないかわからんが、足りん時は棹取りに言うて一カンにしてもらえ。ハコも取ってやっちょうぞ」と、ようしてもらいました。もの言いは荒いけど、どの先山さんからもよう連れて行ってもろうたです。私もそれだけ働きますきね。仕事じゃ負けんです。

四尺のカンカンという炭を取ったあと、天井がゆるんで、やおいき、囲いナル木で締めよったです。仕繰りの先山が、高い所から坑木を吊り上げる綱を下ろすと、私は下におって坑木を取ってやりよった。途中で、いっこうに綱が下りてこんでしょうが、合図をすると、からまった綱を下げようとして、先山がそこに小ボタを投げたとです。それが上見よった私の顔にもろに当たって、目から火が出るごとあったです。「目ん玉がとれたあ」と思わずおらんだので、先山がスラ棚からとび下りて、そこにあったヤカンの水をかけてくれたが、「わあっ目が二つになっとるぜっ」とたまがり声をあげたですきね。目の上の切れたところに炭が入りこんで、目がもういっちょ重なったごと見えたげな。

病院の先生が変なこと聞きなったです。「女ごの顔に傷がついたら一等公傷になるが、下がる金が多うなるき、この炭は取らんで置いとこうか……」。指の先詰めても、「どうせなら金になるごと落としてくれ」と言う坑夫がおりよったとです。「何を言うやか、この先生は」と思うたですバイ。子持ち後家で、もう顔のことなどどげでもいいと。そげして受けた銭は、だれかれがスアブリに来るごとなるし、私も働く気がゆるむ。今は金が欲しいが、そげな一時金より、私ゃ長う働かせてもろうたほうがいいですき。貧乏人が欲出したらろくなこたない。体動かしてまっすぐ働くとが一番いいとです。「イレズミ女になって、先山さんに逃げられたら困るき、炭は残らず取ってつかさい」と断りました。「欲のない女やのう。本人のためにと思うて言うてやったのに……」と、あとで先生が言わっしゃったそうです。

炭の出らん時はきついですバイ。そんな日は付け日役といって日役賃金になって半分に下がるもんで、それが続いたらたちまち米が買えんごとなる。古洞《ふるとう》に突き当てて、五、六先ある曲片が水に浸かって十日ぐらい水なぐれでよこうた時、位牌子を連れて近所の土方仕事に行ったとです。遊んじゃおられんでしょうが。チョロチョロして危ないき、柿の木につないどったですが、シブ柿かじって泣きよるとを見た人が「子供が可愛いいと思わんとやか……」と陰口言いよった。「子供が可愛いきこそ、こげして働きよるとに……」と思うて涙が出たです。日暮れに墓参りに行って、人は見やせんき、いいほど泣いた。死んだ者は楽よと思うたね。そしてまた気を取り直して立ち上がると。へたばっちゃおれんですきね。家で泣いたら義父が心配するし、私の泣く所は墓の前のここしかないとです。

落とした講座のあと金かけるのと、死んだ婿どんの家族をみるとほどバカらしいもんはないと言われ、私ゃバカの大将と言われよったです。

スアブリ　たかり

水なぐれ　出水事故で仕事ができないこと

いいほど　思う存分に

落とした講座のあと金かける　たのもし講などで所定の金額を得たあと、さらに満期までの利子つきの掛け金をかけること

「腰巻きの前をからげて歩きよるとはあんただけバイ」と言われるほど、いつも小走りでじっとはしとらんです。その姿で十年過ごして、借金も返し、義弟も嫁をもらうごとなったので、私はやっと婚家から自由の身となり家を出ました。義父も私にかかるより、息子夫婦にかかる方が、好きな酒も気兼ねのう飲まれますタイ。近くの空いた納屋に移って、やっと子供二人との水いらずの暮らしが始まったけど、腰巻きからげて歩かなならんとは同じです。

坑内でも坑外でも、女ごの金取りは私が一番でした。金になるきつい方を望んでしよったです。卸は半島切羽で朝鮮の人しか行かんけど、私はその卸《おろし》ばかりでテボかろいよった。日役で、マイトの穴につめるダゴ握りする時は、人は六十銭やが、私ゃ七十二銭もらいよったと。粘土を作る赤土を、ツルハシで掘り出しよったですき。

坑内から早上がりしたら、リヤカーを引いて豆炭やガラを配達して回ると。夜なべで子供の着物縫えば、十銭、十五銭もらいますき。店の手伝い、病院の付き添い、お産の加勢、魚の行商もした。さあっと売り終わって、残った時間はまたほかの仕事ができますもんね。カンテラつけて、頰かぶりして、夜明けの雪道をすべたりこけんごと坑口へ小走りして、ヤマのしまえるまで働きました。

古河目尾《しゃかのお》という大ヤマが近くにあったけど、女は坑内に下げんでしょうが。外の日役の二倍、それ以上に金になる時もあるし、やり切りで請けたら早よ上がられて、また別の仕事もできるしで、私はその近くの小ヤマばかりに行って坑内に下がったです。

シブ柿かじって泣いた息子が、あの戦争の時、現役で海軍に志願したとです。後家

からげる　着物の裾をまくりあげて、落ちないように帯などにはさむ

かかる　世話になる、面倒を見てもらう

半島切羽　朝鮮人にだけあてがわれた切羽、採掘場所。一番ひどい場所があてがわれた

ダゴ　ダイナマイトを充塡した孔に詰める土の団子

すべたりこける　すべりこける

やり切り　時間でなく、仕事量での請負方法

の育てた子が、お国の役に立つ。忠義をつくすごと励まして送り出して、私は肩身が広うなった気がしよりました。それが、飛行機の整備中に高い所から落ちて、膝の骨が割れてから、嬉野《うれしの》にある海軍病院に帰ってきたとです。

坑夫の私らも産業戦士となって、石炭増産に励み、出炭報国を誓いよった時代ですバイ。犬畜生でも三日養えば恩を忘れんというのに、人間がそれを忘れてなるか、君に忠に、親に孝に、君と親への恩を忘れる者は非国民ぞと教えられてきたとです。毎日のごと戦死者が出よりましたきね。二人の息子を二人ながら戦死させた親が、戸口を並べて組内におんなったです。「命があってよかったねえ」と慰められても慰めにゃならん。かえってつらかった。後家のひがみかもしれんが、女手で育てた息子は兵隊の勤めも果たしきらんかと思われそうで、本当に肩身が狭かったですき。

病院にも一度行っただけ。息子はもう来んでいいと素っ気ないで、話もあまりせんずくに帰りました。息子もつらかったとでしょう。いっそ戦死してくれたとなら、諦めもつくと思う時があったですき。戦争の世の中ちゃ恐ろしいですバイ。男は兵隊に行って死ぬとが当たり前で、弾に当たりもせんケガをして、のめのめと病院に入っとるなんち恥ずかしいことだと、母親もそう思うたとですき……。戦争が終わった時、ああ生きちょってくれてよかったと、拝むごとあった。世間体もへちまもない。死なんでよかった、よかったと思うて……。

この息子が、私の面倒を見てくれよります。長い間腰巻からげて働いて、五日と寝込むこたなかったのに、八十過ぎてから、こけて足の骨を折ってしもうた。このまま

(嬉野)海軍病院　佐世保鎮守府所管で、佐世保の海軍病院だけでは賄えなくなり、軍港・佐世保に近い佐賀県嬉野に昭和12（1937）年に設立された

産業戦士　戦争中に基幹産業に従事する労働者の戦時中の呼び方

出炭報国　石炭を掘って国家の恩に報いること

せんずく　しないまま

寝ついてなるかと気力を出してリハビリして、人がたまがるほど速う歩けるごとなったです。「なあもせんでいいよ」と言われよるけど、じっとしておられんで、庭の草取りやら何やら、いらんごとをしては家の者におごられよりますタイ。

おごられる　叱られる

撮影：山口勲氏

女のかけ声

私はウドの大木で、体は大きいけど見かけばっかりで、事の火急《かき》にゃあわんとタイ。人のごと気がきかんきね。人が一日で覚える仕事も、私ゃ三日もかかってやっとこさちゅう有様やきね。銭にならんよ。

貧乏百姓の娘で、小さい頃から家の加勢ばかりで、辛抱する道はよう知っちょる。ずるけて人よか楽しようとか、そげな横着なことはしきらんちゃ。兄弟が多いき、上から上から口減らしで家を出て行かなんタイ。姉二人は中津《なかつ》の紡績工場に行ったけど、私ゃのろいき、とてもそげな所は勤まらんと思うて、行け行け言われたけど断り通したと。

そげな私が坑夫に嫁いで、坑内で働くごとなるちゃねえ。たまがるごとあるよ。そしてから、それで子供三人育てたんきねえ。「坑夫と馬車引きがけんかしよったら、人間がそれを止めた」とか言われて、坑夫は人間でないような悪口を聞きよったもんね。

私の兄が、かけ坑夫で働きよったき、その世話で結婚することになったとタイ。家が貧乏やき、いやと思う縁談でも断わられんごとなると。早よ家を出らなね。口べら

中津　大分県の北西端に位置する。明治維新後、大分県北の中心地となり、製糸・紡績工場の立地を機に、桑栽培と養蚕業が発達し、１８９０年代には繊維工業が集積した

しの奉公と一緒タイ。ほんと、働きに行ったげなもんやったね。一週間もせんうちから、後ムキで連れて行かれた。奉公なら暇取着物なと、こさえてくれるが、主人は働くばかりの厳格な人間やったき、着物どころか腰巻き一枚ももらい出さんまま死に別れてしもうた。きついとか、よこうとか泣きごとは言われんタイ。

家には何十年も女坑夫しよった姑さんがおんなったきね。主人は優良坑夫で、小頭《こがしら》が「オレがとこの米びつ」と言うほどの働き者やった。どんな切羽《きりは》に行っても、人よか余計に炭を出すとタイ。岩が多いで、今日は炭が出るまいと思うても、五カンの炭が出とるやろうが、「どこからどげして炭掘りよるとかのう」と小頭が首ひねりよったきね。多い時は十カンの炭を出しよったが、それだけ私がからい出したちいうことやろがね。

大ヤマと違うて通気の悪い小ヤマの、風が通っても回るだけの車風バイ。切羽は暑いでテボかろうて入っただけで、ドッと五升水飲むほどの大汗が流れ出る所もあったきね。主人がなんぼ炭の大山をこさえても、ハコに積んで出さな金にならんとバイ。そんならあんた、かろうて出す私も優良坑夫ち言うてもらいたいよ。

まあ、こげな大口たたくまでには、そら一年もかかってからのことタイ。最初は泣きの涙よ。不器用な私は何をさせてもしきらんで、毎日毎日、主人から怒られまわって、どげえ情なかったもんね。

昭和八年、十八の年タイ。その頃の農家の娘は十八で嫁に行くのが普通やった。十九は女の厄やき見送るやろが、そしたら二十《はたち》になるタイ。二十ちゃもう遅い方やった

車風　一度現場から排出された空気や煙が入気に混入し再び現場に舞い戻ってくること。十分に新しい空気に換気されずそのためガス、粉じん、発破後の煙が排除されない

五升水飲むほど　5升＝9リットル。大汗が噴き出すほどのすごい暑さのたとえ

ね。二十になるまで家におるのは「行き遅れ」扱いされよった時代やったきね。来る嫁も若いき、小姑がいつまでも家におられんやろがね。私もそげして十八で坑夫の嫁になったとタイ。兄が戸主やき、兄が決めたらそれに従わなならんタイ。

何の仕事も新参は苦労が多いもんけど、親について下がった経験のある人と違うて、私ゃ炭坑の夕の字も知らん、新参も新参やきね。坑口に入るとに足がすくむごとあったバイ。坑内ちゃ、まっ暗で、主人はすたすた歩くタイ。「はよ来んかっ」と言うけど、私は安全灯の火を消さんごと、水にぬれた坑道をすべらんごと歩くとが精いっぱいタイ。

十七、十八の、たまがるごときれいな娘さんが衿化粧して、鼻歌でも歌いながら、小走りで坑口さへ入って行きよる。何の苦もないごととして楽しそうに見えるとタイ。私と同じくらいの年なのにねえ。女坑夫になった以上は、私も早く慣れるごとがんばらなならんと思うけどが、根が不器用やもんで、それが思うごといかんタイ。

テボかろうても、一カン積むまでに五回はこけよった。足半《あしなか》をはいとったが、水は流れるし、石車につい乗っては滑りこけるとタイ。エビジョウケ三杯の石炭を入れたら、からいひもにぐっと荷がかかるきね。転んだら最後、自分では起きられんよ。しまいには主人がぐらぐらして、自分でテボからいよったタイ。

安全灯をよう消して、そのたびに主人に怒られよった。ちょっと物に当てたり、倒してもしようもんならすぐ消えて、まっ暗やき。主人がササ部屋に行って火をつけて

石車　坑道の歩くところに転がっている小さい石のこと。坑道は湿気をおびているため、その石の上を歩くと滑ることが多かった。女どうしの会話で「また、こけたん?」「また石車に乗ったとよ」とやりとりすることが日常的にあった

ぐらぐらする　腹を立てる

もらうとけど、あんまりたびたびになるもんでね、これもしまいには主人も腹かいて「おまえの火とぼしに、坑内に下がったんやないとぞっ、たいがいにせえ。俺がしてやったら甘えて性根が入らんき、自分で行って火をつけて来い」と怒りよった。

ハコがゴオーッと走ってくるとが恐ろしかったきね。思わず壁にしがみついて身を縮めたら、そのはずみでまた灯が消えてまっ暗になるやろ。今にもハコが走ってくるごとあって、身動きできんでおると、主人が名前呼び呼び探しにくるタイ。「俺が探しにこな、一日中でもそうしてセミのごと、柱にしがみついとくとかっ」とまた怒られると。

ササ部屋にマイトをもらいに行ったはいいが、いざ受け取ったら、片手のカンテラが気になって、今にも爆発すらしめえかと、そろそろ、もじもじしよると、待ちかねた主人が迎えに来るタイ。「後ムキに後ムキがいるごとあってからちゃ、どげなるか。いよいよ仕事はできゃせんやろが」と言うてね。そしてマイトかけるちゃ、逃げられるだけ逃げて、もの笑いされよった。何と言われても、恐ろしいもんはしょうがないくさね。

一番泣かされたとはセナ担いタイ。あれは誰だちゃできんよ。セナ三日担うたら親の恩がわかると言われるが、本当のことバイ。卸底《おろしぞこ》の切羽から登ってくる街道は、天井が低い傾斜坑道やきね。肩から背中へ担い棒を斜めにのせて、一荷百斤の籠を担い上げるタイ。体を起こしたらセナ棒がはずれ荷が落ちるき、ほん短い撞木杖ついて、這うごとしてね、自分の体の幅にあわせて、前の籠は胸に、後の籠は腰より下にして、

120

とぼす　灯すのなまり、点火する

ほん　ほんの

ゆすらんごとして上がって行くとタイ。前にエビジョウケ二杯、後に一杯半の炭を入れて登り上がると、前籠には十ばかりしか炭が残っとらんほど、セナの担い初《ぞ》めは要領が悪うて、とてもやないがやりきれんやったねえ。人が十一荷で計量用のバラ籠一杯になるのに、私は二十荷も担うてやっと一杯になりよったタイ。仕事べたの者はそれだけきついめに遭わなならん。

そのうち六尺のセナ棒の当たるところに、ヤケドのげなヤケができるタイ。ヤケの傷がぷうと腫れて、痛い、痛いねえ。これが本当痛いとよ。痛いと言うたら「ヤケを痛がりよったら後ムキが務まるか。ヤケは担《にの》うて、担うて担いつぶせ」と、自分のヤケの傷あとを見せて、主人が言うタイ。誰でもこう言われてがまんするときね。決してよこえとは言わんタイ。

人が四カンも五カンも積みよるとに、私はなんぼ必死でがんばっても二カンしか積みきらんで、とうとう「二カンバコ」とあだ名がついてしもうた。いよいよの新参者の仕事下手と笑われよるげなもんタイ。口惜しい、情けないと思うても、しきらんとやき、じいっとこらえとったよ。主人がまた人一倍仕事上手やったきね。よけい人目にたってつらかったバイ。

「おまえ方《がた》の後ムキは、いよいよの素人やのう、いっときばかり日役仕事しよって、坑内に慣れるごとせんか」と小頭が見かねて、私を坑内日役の雑役に回しなったタイ。男五人が掘ったバックのギロウさらえやったが、泥水に浸って、油粘土のようなギロ

バック　排水用水溜め
ギロウ　排水に混じって沈殿し泥土状態になっている炭じんや岩石の粉末

ウを一人でさらえなならんと、割にあわん仕事タイ。そうしよって、天井からばらばら落ちてくる石炭を拾い集めて、それでも二カンばかり積みよったら、小頭が来て、「足もともさらえてやったな。歩きようなった」と、喜んでハコに金札をかけてやんなった。

競争したら負けるけど、コツコツする仕事は怠けきらんき。辛抱強うし通しきるバイ。それけど主人は機嫌が悪いよ。夫婦で切り出しすればまるまる金になるのに、他人の後ムキを使えば金を分けてやらななならんやろうがね。「人のいやがる日役仕事をバカ正直にして、小頭にいいごと使われよる」と言うタイ。

私が仕事しきらん、根性がないの、嫁のもらいそこのうたち言うて、文句ばかりタイ。私は働くだけの道具かね。夫婦ちゃそげなもんやなかろうと思うて、黙って、人にわからんごと涙ふきながら、また主人の後ムキに戻ったタイ。

けど、いよいよ辛抱できんごとなって、別れ話を今日はさあ、どげして切り出そうかともじもじしよるうちに、つわりが始まったとタイ。こらもうどうでも辛抱せなならん。実家に戻ったちゃ、妊娠腹抱えて女《おな》ご仕にも行かれん厄介者になるだけ、子供もどこさへかやられてしまうやろう。やっぱり、ここに居据《いすわ》って、仕事をして、子供を育てなたいと覚悟を決めたきね。姑かかさんは、「働いて五体を動かしよかな産む時がきつい」と言いなる。「一つ家に女は二人いらん。うちは昼夜坑内で働いたが、つわりなんち一つもする間がなかった」と言われりゃあ、どうするね。

二カンバコで銭にはならんでも、私の居場所は坑内しかほかにはないということタ

女ご仕　下働きの女性

イ。つわりで気分の悪い時は口を開けようごともない。それでも主人はどんどん炭を出すきね。コロ木を踏みしめ、油汗しぼり出すごとして、えんやらやっとからい上げる時もあったバイ。きついで、きついで、もうたまらんごとなって、何を言われてもいい、もう動きめえと思うてしゃがんどったら、主人が「いっときよこうちょれ」と、初めて言うてくれた。そして、「二銭で買った」ち言うて、大きな夏ミカンをやんなったタイ。坑内に下がって、初めて主人から優しうされたきね。涙が思わず出てしもうたバイ。

七月子《ななつき》は育っても、八月子《やつき》は育たんと言われるけど、ほんなごと、初子《ういご》のその子は、エナに巻かれたごとなって、生まれてすぐに、声もあげんまま死んでしもうた。

八ヶ月に入って、その頃はテボからいしよったが、腹がせきだしてね。どんどん痛うなって血の気がひくごとある。隣の切羽のおばさんが「こら大ごと、早産するとやないな」とさわぎたてなったタイ。坑木を運ぶ台車にむしろを敷いて乗せられ、坑口さへ捲き上げてもろうた。あれよあれよの成りゆきタイ。

リヤカーの担架で家に帰ってきて、床を敷いてまもなく産まれたけど、その子の泣き声が聞こえんやったきね。かかさんたちがバタバタしよるはずタイ。赤ん坊は、顔を青黒うして死んでしもうとる。この子は私が担ない殺したとバイ。八ヶ月も腹の中に入って、毎日、ここにおるよーと腹をトントンけりよったが、あれは苦しかったとやろか。私が社宅の奥さんやったら、どん腹折り曲げてテボからうこともない。この子も生きられたかもしれんタイ。すまんねえ。腹ん中でどげえかきつかっちょろう。

七月子　妊娠七か月の胎児

腹がせく　お腹が痛む

泣いては眠り、覚めたらまた涙が出てきよるタイ。もしあのまま、坑内で元気に産まれたんなら、どれだけめでたいことかね。坑内の人数は減ることはあっても、増すことはないき、炭坑から金一封のお祝いが出るちいうが、もらいそこのうてしもうたタイ。

昭和十八年の春、主人が召集を受けて行った。三人目が生まれて半年たった頃タイ。二カンバコと笑われよったけど、もう十年ばかり年季を積んだきね。私も人並みに仕事しきるごとなったタイ。主人が帰って来るまで、三人の男の子をしっかり育てならん。だれが三人の子を食わせてくれるかっと、いつも心の中にかけ声かけよったバイ。赤ん坊は三十銭の守り賃で預け、朝は四時には起きて支度して、走り走り坑口さへ行きよった。「どこでもいい所掘ってみれ。天井は囲うてやる。柱も打っちゃるき、切り出してみれ」と小頭にハッパかけられて、切羽に有り付けてもろうた。

主人は口優しい男じゃなかったよ。仕事は上手で、大もの言わんで黙々と働くばかりけど、とにかく仕事をしごきよったきね。あまり厳しいき、ついて行ききらんで、私は一代この人から使い殺されるバイと思うた。別れようと言うたけど、別れるなら子供をおいていけの一点ばりタイ。それはしきらん。わが身はかわいいけど、子供の方がわが身よりよっぽど可愛いきね。また私も辛抱するごとなるタイ。子はかすがい、ち言うがね、本当バイ。

主人は父親がいないので、十一の年から坑内に下がって、他人先山について、ツルの柄で叩かれ、ヨキを投げられて、体ひとつで仕事覚えてきた人やきね。ヤケの傷はあっても、事故におうたことのないとが自慢やったとに、兵隊に行きゃあだめやね。戦争して殺し合いに行くんやきね。出征して二年もたたんうちに、ビルマ方面の戦闘で戦死したという公報が届いたタイ。

私はのろいき、いつもかつもどなられよったが、考えてみたら、そのおかげで人並みに仕事しきるごとなったとタイ。二カンバコのままでは、わが一人の口も養いきらんバイ。自分が三十二で若死にするき、私に仕事を叩き込みなったとやろうか。そうして子供三人育てる手だてを授けてやんなったとバイ。だれが三人の子供を食わせてくれるか。このかけ声は、あの世から主人が私にかけてくれよる、気合を入れてくれよるとタイ。「ヤケは担うて担うて、担いつぶせ」と言われた時は、何ちゅうきつい言葉かと思うたが、今になって骨身にしみるごとようわかるよ。本当、それしかないとやきね。

戦死と同時に炭坑からの扶助料がのうなった。兵隊後家になって、必死で働かなならんタイ。なりふりかまわれんよ。

払いの採炭で二円八十銭ぐらいやったかねえ。払いは共同請やき、十時間もその上も上がられんことが多い。幼児かかえてちゃ続けきらんで、単丁切羽さへ代わったタイ。先山一人に朝鮮の添先山《そえさきやま》がつき、女二、三人の後ムキで、請負のやりきりしよったと。目の色かわっちょるよ。先山は兵隊後家やきとかいう遠慮はせんきね。仕事し

公報　死亡告知書（公報）。戦地に送りだした夫や息子、兄や弟の帰りを待つ家族のもとに届けられた国からの戦死の通知

扶助料　出生兵士家族に炭坑から出ていた援助金

兵隊後家　夫が戦死した家の女性の呼称

単丁切羽　ほぼ夫婦二人で請け負う切羽

きらん者はのけられるんき、私も一生懸命ついて行くちゃね。

食べ物には本当に苦労したバイ。朝鮮の添先山が、腰に弁当箱さげとるけど、歩いたらガラガラ音がしよると。中には大豆の炒り豆しか入ってないとバイ。ひと握りかじっては水飲んで、腹の中でふやかしよんなった。

子供に食べさせるものがないとやき……。買い出しに行く男の人見たら、羨ましかったよ。主人がおってくれたらと思うてねえ。私が働いて帰ったら、配給のバナナ一本を子供たちが煮て食べよった。大豆カスちゃ油をしぼったあとの、ガチガチの塊やが、こら牛馬の餌けど、御飯に入れると。マナ板がへっこむほど野菜を刻んで雑炊を作る。カボチャ、ジャガイモをゆがいただけの時も多かったとバイ。皿一枚あればこと足りると。洗いごとは三分ですむけど、これが御飯の代わりで、代用食ち言いよったタイ。子供はいつもひもじがるしね。大出しの日には、蒸したイモやカボチャ、時には雑穀飯のおにぎりの差し入れがあるけど、おにぎりは必ず持って帰って子供にやりよったね。半分すえかかって、ちいと臭いよっても、子供は喜んで食べよったよ。今ならすぐゴミ箱行きやがね。

仲哀峠《ちゅうあいとうげ》の七曲りを越えて、豊津《とよつ》までイモの買い出しに行った時、十歳の長男を連れて行ったとタイ。ドンゴロスの一斗袋をかろわせて、私も十カンのイモをかろうてね。配給の石鹸や砂糖を持って行って、やっと買いだしたイモやが、帰る途中、峠を登りきる前の所で、歩き疲れた子がイモを捨てるち言うてね、座りこんでしもうたタイ。

下りは楽になるからと、なだめすかしても動かん。無理もないよ。朝早よから歩き

すえかかる　腐りかかる
仲哀峠　京都郡と田川郡をつなぐ峠の一つ。旧道はヘアピンカーブが続く道であるため七曲峠とも呼ばれる。狭い仲哀トンネルをくぐる交通の難所で、筑豊地方からの石炭輸送を担った
ドンゴロス　ジュートなどの麻の繊維を編んで作る丈夫な布地の袋。最大で30キロほど入る。南京袋（なんきんぶくろ）とも言う
十カン　約38キロ

づめやきね。父親がおらんばかりに、この子も難儀せなタイ。むげないねえとは思うけど、そら歩け、そら歩けと引きずるごとしよったら、食糧営団のトラックが横を通り過ぎて止まったきね。運転手さんが見かねてやろ、その車に乗せてやんなったタイ。ありがたいことバイね。本当に助かったよ。

直方《のおがた》さへ行く別れ道で降ろしてもろうた時、よう加勢して偉いち言うて、子供に二十銭の小遣銭までやんなったきね。見ず知らずの人から受けた親切は忘れられんタイ。直方さへ行く車の後ろに手を合わせたバイ。世の中悪い人ばかりはおらん。だれかが見てやりよんなると思うたら、なんか元気が出てくるきね。七曲りの仲哀峠も、今は立派なトンネルができて、車が一息に通り抜けよるタイ。それけどここは、母子づれで買い出しのイモかろうて越えた峠きね。懐かしいよ。

四尺一の美人と言われよった若い嫁女《よめご》がガス爆発で即死しなったと。婿さんは出征中バイ。戦争に行った者は名誉の戦死やが、お国のために増産、増産で繰り込まれて、坑内で死んだ者は何ちゅうかね。なんぼなんでも名誉ちゃ言われんやろ。そこは卸《おろし》のガスの多い所やったと。一切羽五人が皆まっ黒に焼けてしもうて。棺桶見ても、母親が死んだともわからん、ほんなよちよちしよるげな子を残してからねえ。

他人事《ひとごと》やないよ。子供三人おいとるきね。この子らが路頭に迷うき、私ゃ絶対死なれんと、朝も晩も思いよったバイ。それで楽しようとかでのうて、ちいとでも危ない所には行きとうはないけどが、私は一人女ごやきね、現場（係）が有り付けてくれる

食糧営団　国家総動員体制のもと、食糧配給などの食糧統制を目的として昭和16（1941）年に設立された農林水産省所管の特殊法人

四尺一　炭丈四尺層の切羽一番

所に、だれとでもハイ、ハイ言うてついて行きよったタイ。

戦時中は非常時やき、女でも繰り込みは厳しかったよ。「きついねえ。よこおうごとあるバイ」なんち、私ら挨拶がわりに言いよったが、そげえ言うただけで、労務からやかましゅう怒られた人もおったきね。うかつに文句も言われんタイ。

時代劇に出てくる悪代官げな、いやらしい係員がおったよ。ハコ一カンにボタが混じった分を勘引きする勘量係タイ。ちょっと握らせたら大目に見るけど、小遣銭が欲しなったら、目くじらたてて勘引きしよった。ハコの中の炭を突き崩して目減りさせる。鳩ポッポの豆拾いと言うて、えげつないボタ選りをする。地上に出るまでにゆすりこむき、その分見越して積んどっても、勘食うきね。詰め所に勘量の上衣が掛けてあって、そのポケットの中に名前を書いた封筒をこそっと入れとけば、鳩ポッポの豆拾いにあわんで済むとげなよ。そのポケットが、てまりのごとふくれとると機嫌がいいタイ。

一億一心とか言うて、なんね、日の目も見らんで方数つめて働いて、きついと言う者は叩き、ごまする者にはようしてやって。戦争中でも正直者は損なねえ。女は月のものがあるき、その間は休むタイ。「今日は赤バレ」ち言えば、それで通るが、ただよこいやき、三日もすると所帯の方がきつうなるタイ。ヤマの神さんは不浄を嫌いなると言うけど、ようと断り言うて、清めの塩ふって、しまいがたには下がりよった。今のような便利な生理用品なんちなかったきね。

何にしても女は業《ごう》な体を持っちょるバイ。男と変わらんごと働いて、自分が女とい

勘食う　割り引かれる

一億一心　すべての日本人が団結することを言い、戦時中によく使われた言葉

うことは忘れちょるとに、まっ暗すみで乳が張るやら、月の障《さわ》りがくるやら……。

「女ごというごは、業のごタイ。その業があるき辛抱して働くごとなっとる。男は業がないき辛抱ができんタイ」

「女ごの辛抱は花が咲くち言うやろが、辛抱は金になる。子供が次々に太りあがってみい。みんな親孝行してくれるごとなる。それまでここいっときの辛抱タイ」

共同バックで洗いものしながら、近所の婆さんたちがよう言うて聞かせよんなったタイ。この人たちは子供をみてくれていたり、私らの相談相手やった。夫婦げんかも親子げんかも説教されたり、慰められたりして、胸の内が収まりよったきね。

炭住の者は親身に付き合うきね。ない時はお互いタイ。貸したり借りたりして暮らすのはあたり前のことやったよ。子供をごろごろ抱えて、似たり寄ったりの所帯ばかりやが、心が通うとったねえ。私は本当にみんなからよう助けてもろうたバイ。

小学生の長男が、学校で立たされたち。それが、悪いことしたんじゃなし、良いこともしとらんけど、先生がさとしなったてタイ。物の何もない時代で、子供の服もズボンもあんた、つぎはぎだらけ。ふせ布当てた上にまたつぎ当てして、こまごま縫い繕《つくろ》うて雑巾のごとなっとるもんで、村の子供からボロ服ち言うて笑われちょるタイ。それでけんかになって、悪いのは炭坑の子やから、炭坑の子と遊ぶなと親が言うたげなタイ。それでまたけんかの繰り返し。うちの子負けん気が強いと。

日頃から村の子と炭住の子は仲が悪い。何でも悪いのは炭坑の子と決めつけられるやろがね。「炭坑者が」と言うて親が偏見持ちよるき、子供同士でもそうなるタイ。

共同バック　共同で使う水場

村の子供もつぎ当てはしとるけど、うちのげな服着とる子はおらんき笑うくさね。受け持ちの女ご先生がみんなに言うて聞かせなったてタイ。「つぎ当ての服を笑うということは、物資を倹約して、お国のために奉公することを笑《わろ》うたことになる。お母さんを倹約の模範にせないけん」ち言うてね。

私ゃ恥ずかしかったよ。先生が言いなるごと、お国のためにと思うてつぎ当てしたことは一ぺんもないときね。着せる物がないき、しょうことなしにしよるだけタイ。

灯火管制の黒い袋かぶせた電気の下で、男の子三人の繕いもんちゃ楽やないよ。戦争もいよいよ終わりがけで、仕事はきつうなるばかり、もともと不器用な私が、居眠り半分で針持つとやき、荒ましな縫い方しちょるタイ。けどこの子は、ボロ服のけんかを自分の口からは一口も言わんやったきね。子供の寝顔見よったら、この子はどげな夢見よるかねえと思うタイ。

仕事に行きたむない日もあるけど「そげな気の弱いこと思うたらいけん。この子らは誰が食わせるか」と思い直しよったきねえ。子供がおりゃこそやってこれたとバイ。今、あのツギハギの服があったら、抱きしめろうごとあるやろね。時々、思い出してそげな話すると、嫁たちが「お母さん、そげな苦労したんね」と言うて聞いてくれる。「これから楽せなね」と嫁が言うちゃ。だれならこげなこと言うてくれるかね。

男の子三人育てたやろ。食べさせるだけはなんとか食べさせたけど、学校にやりきらんやった。それが何としても残念タイ。中学出ただけで世の中に出なならんちゃあ

灯火管制　国家が強制的に灯火を管理・制限すること。戦時においては夜間空襲・砲撃の目標とならないように、電灯やローソクなどの照明の使用を制限した

荒まし　荒い、乱暴な

ね、やっぱあつらいことが多かろうと思うバイ。今は学歴の世の中やきね。人並みに高校出してやりたかったよ。長男は誘致企業の機械工場で働きよる。末の子は運送会社のトラックに乗りようタイ。

次男は名古屋の機械工場におると。中学卒業してからずーとそっちで暮らしよるタイ。主人の縁続きで、父親代わりに子供たちの面倒みてくれよった人が、名古屋に再就職して行きなって、次男を呼んでやんなったと。その頃、中学生は「金の卵」と言われて、集団就職で出て行きよったきね。「姉さんも女手一人じゃこれから大変やろ」ち言うて、次男を預かってやんなったタイ。わざわざ迎えにきてくれてね。

私ゃその子の名古屋行きの支度するとに、三日夜昼働いたバイ。金の心配はせんでいいと言うてくれたけど、そんなわけにゃいかんタイ。何ぼかでも小遣銭も持たせたい。してやりたいきね。

昼は一番方に下がり、夜は内緒で裏山の峠を登った所の狸掘りに、引き出しに行ったタイ。男五人、女が七、八人おったかねえ。夜七時すぎから夜中の二時頃までタイ。坑口は松岩やら坑木でふさいじゃるき「天の岩戸を開けようか」と言うて、坑口開いて入るタイ。早よ言えば盗掘やき、ドロボーたいこりゃ。ハコはないき、スラを引いて出て、スラの炭をかやしてテボに入れて、それを下までかろいおろすタイ。コロのない急坂は、スラがきしんですべらんき、ほねがおれるよ。水まいて濡らしながら、押したり引いたり二、三人がかりタイ。カンテラの明かりが頼りやきね。昼間、弁当嚙み嚙み、つらっと眠りよったら、「どうしたとね」と聞かれたきね。わけを話した

誘致企業　炭坑閉山後、地元自治体が誘致した企業

松岩　炭層の中にある炭化した木の化石。非常に硬くて重い

ら「そげんことしたら寝込むバイ。みんなで加勢するき、もうやめとき」と言うてくれるやないね。私もさすがにもう続かんと思うてやめたよ。みんながはなむけしてくれた。この先いつまで働けるかわからん。ここも閉山はすぐきね。そげな苦しい時に、助けてもろうたきね、金やら物のタカやない、その心よ。炭住の暮らしにはそれがあるとタイ。

二カンバコと言われて、泣く泣く仕事覚えて、それで炭坑のしまえるまでずーと働いてきたきね。子供もおかげでまともに育てあげられた。それが一番の幸せタイ。

三人の子供をだれが食わせてくれるか。ハアハア、ハコ押して、力が出らんでへたりこむげな時に、いつもこのかけ声をかけてきたと。「ほいとの博打《ばくち》かけ声ばかり」と笑うけど、何も持たん私には、かけ声が力やったとバイ。

はなむけ　餞別

タカ　値段

ほいと　乞食

撮影：山口勲氏

私は米びつ！

女坑夫の戦時表彰状

昭和二（一九二七）年生まれの滝本（旧姓折田）ユキコさんは、昭和十九年の開戦記念日にあたる十二月八日に優良坑夫として真岡産業報国会から表彰されている。

当時十八歳のユキコさんは真岡炭鉱でただ一人の女採炭先山として働き、後山に十数人の朝鮮人坑員たちを連れていた。その日、近道して採炭現場に行く途中、落ちてきた小ボタが頭に当たって負傷したが、そのまま働き、その後も一日も休まず働き続けた。

その彼女の行動が「半島礦員ヲ感憤サセ十一月増炭期間中ノ割当出炭ヲ突破スルノ因ヲ為シタルハ……」と称賛しているのだが……。

ユキコさんは彼らを感憤させるために頑張ったのでは決してない。「公傷扱いにされて休むことになったら、私は一家の米びつやき、食べていけんやろうが、休まれんたいね。表彰など受けるようなことやないよ」と私に言った。

休みたくても休めない貧しさが戦意高揚の美談になり、不本意なことに朝鮮人坑夫たちをさらなる労働強化に追いやることになったようである。

一握りの炒り大豆を分け合い、ユキコさんが「九段の母」を歌うと相手は故郷の「トラジ」を歌い、お互いに教え合う。少女先山と異国の徴用坑夫たちの働く者同士のそんなささやかな交流は、美談にはならなかったが、ひたすら働くことが戦時下の青春だったユキコさんに「トラジ」の歌と出合わせてくれた。

戦争の終わりの頃である。熟練の坑夫たちは戦場へ行き、物資の不足は坑内の環境を荒廃させ、疲弊させた。坑夫たちのいつもの弁当は雑穀米に太いタクアンの棒切り三切れで、これで厳しい増産割り当てを達成させられるのだ。ちなみに「三切れ」は「身切れ」に通じるとして、縁起担ぎのヤマの忌み言葉なのである。

この表彰状から戦争の時代を背景にして筑豊には一人の女坑夫のこんな青春があったことを知ったのだった。

ユキコさんを追っているうちに、この一枚の紙片（表彰状）は私の手の中でだんだん重くなってくる。何かずしっりと伝わってくるものがある。それは十八歳の女採炭先山ユキコさんと朝鮮人坑夫たちの滴る汗の重さなのか。それとも筑豊の石炭が戦争を支えた時代の重さなのか……。

ユキコさんが四十年も前に、炭坑の坑内で聞き覚えた朝鮮語の「トラジ」を歌ってくれた。「楽器はいらんとよ」と言う。

オーガのみを使いながら口笛を吹いてくれた金本さんがいた。男先山に見られたらただじゃすまん。「この非常時に何しよるか」と張り飛ばされるだろう。何かと威圧する先山とトラブルが多いので、選ばれたのがユキコさんだったようだ。その労務政策は当たったと言える。朝鮮人坑夫たちは日本の戦争に巻き込まれて連れてこられた。そして戦後帰国した彼らは朝鮮戦争でどうなったのかとユキコさんはいつも心配していた。

「戦争なんちゃしちゃならん」と繰り返して言うユキコさんは、民生委員の永年勤続の大臣表彰を受けている。これは本物の表彰だと笑顔になる。

ユキコさんに託された真岡炭鉱の表彰状は今でも重いままだけれど、「私と思うて、役に立つごと思うように使うてよ。こげな紙一枚やけどが、私のほかにはだれも持たん宝物たい。あんたもそげ思うて役に立てておくれ」

ユキコさんの言葉はそのまま彼女の遺言になってしまった。この表彰状は私の紙碑である。

表彰状
折田ユキコ
右者婦人ナルニモ拘ラズ先山トシテ採炭ニ従事シ頭部ニ負傷ヲ為シ係員ノ昇坑ヲ薦メタルモ現場ヲ離レズ業務終了後始メテ昇坑醫師ノ手當ヲ受ケ翌日モ平常通リ入坑採炭ニ従事シテ半島礦員ヲ感憤サセ十一月増炭期間中ノ割當出炭ヲ突破スルノ因ヲ為シタルハ實ニ他ノ礦員ノ模範トスルニ足ル
依而茲ニ表彰ス
昭和十九年十二月八日
眞岡産業報國會
會長 岡崎林平

鍋ん中のどじょう

ウチの一生は、早よ言ゃあ「鍋ん中のどじょう」タイ。小説に書くなら、五冊も六冊も本ができるバイ。だれか書いてみらんかね。十五の時から、三十年ちゃ言わんその上も小ヤマの坑内に下がって、どこのヤマに行っても一つ話にうわさされるほど、一番の働き者で通してきたんバイ。それだけ貧乏したということタイ。ほんと、いいしこ働いてきちょらあね。

子供の頃はウチは大納屋の一人娘で育ったき不自由はしとらんよ。父親は坑内の一現場を請負うて斤先掘《きんさきぼり》をしよったけど、ウチが十歳の時に大天かぶって、腰を痛めてしもうてねえ。それからはもうずーと具合が悪いで、大納屋もやめなならんごとなったとタイ。

母親について坑内に下がったとが、十五の年タイ。切羽《きりは》に行けばまっ黒になって、金札《かなふだ》でこさいで汚れを落とすごとあるとに、それでも毎朝、襟化粧を塗って行きよったよ。大出し日があって、その日の出炭割り当てを出した者には、上がってから、詰め所で一銭金のつかみ取りがあるきね。大きな赤い一銭玉をつかむのに、お前はなんぼ、俺はなんぼと、みんな大賑わいしよったタイ。ウチが一番うんとつかんだ時は二十七銭あったね。一方《ひとかた》分が後五、六十銭ぐらいやったき、半日分の稼ぎになるタイ。これはウチの小遣い銭にもろうて貯めよった。楽しかったねえ。苦労のくの字も知らん娘時代がウチにもあったとバイ。そげなこともう忘れてしもうとったが……。

結婚したとは十八の年。親が決めた話タイ。相手は男前の棹取りやった。まさかまさかあげな極道おやじになるなんち、だれが思うかね。ウチものぼせて返事したとよ。棹取りは坑内の花形やきね。サラシの鉢巻きにお守り袋をさげて、首にかけた手拭いも胴に巻いたサラシもまっ白。膝には三角の山型当て、剣鉤《けんかぎ》はいつもギラギラさせとった。コースハコに乗って、ガアーッと下がってきて、高ピン切る姿はかっこうよかったねえ。何たってハコ回すとは棹取りの胸一つやろ、みんなハコもらおうと思うてちやほやするとタイ。けど命がけの仕事バイ。

ウチのサマちゃん乗り回し
用心なされよハコの上
もしも結鎖《けっちん》が切れたなら
私ゃ若後家苦労する

結婚してからの長い長い苦労を思えば、いっそこの歌のごと、ウチは若後家になった方がよかったバイ。若後家どころか、二年後、ハコのツノにはさまれて、右足の親

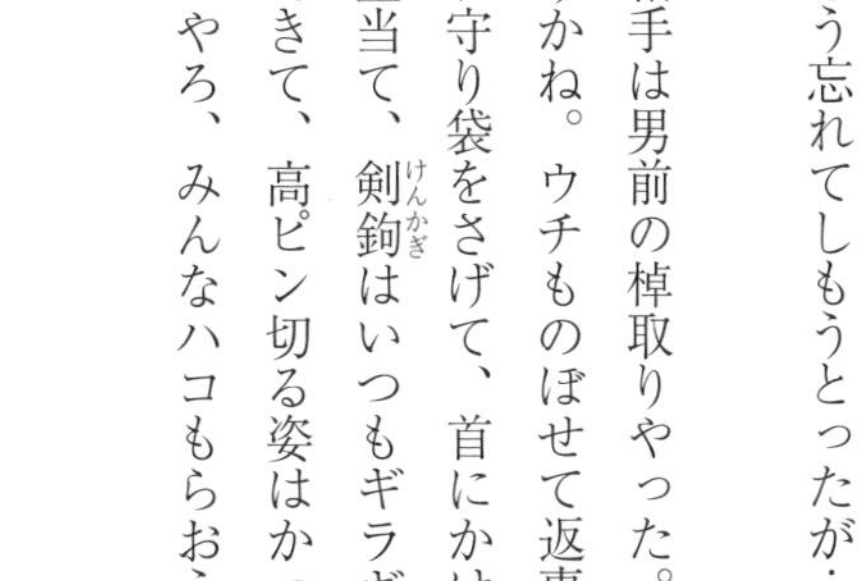
山本作兵衛「乗廻し棹取（ヤマ一番のオメカシ男）」
田川市石炭・歴史博物館蔵
© Yamamoto Family

剣鉤　棹取りが使う鉄鉤
ハコ回す　炭車を割り当てる
結鎖　炭車をつなぐ鎖
ハコのツノ　木製炭車の前後両端に突き出た台木の先のこと。炭車と炭車を連結させるためのもので、手や足を挟まれる事故も多かった

指が切れかかってね。指が横むいてしもうたき、棹取りをやめて、ウチと一先《いっさき》で切羽につくごとなったタイ。ウチはいいよ。けど、この人は棹取りは花形でも採炭は初めてやろ。先山しても思うごと炭を出しきらんタイ。天井の低い切羽で、体を横にして腰から入り、手掘りですかして行くと。炭は足で手前に掻き出すとけどが、辛抱ができんで、すぐにツルハシうち捨ててしまうタイ。

石炭は力まかせで掘っても出らんよ。炭の目があるきね。その目をようと見て、天井の押してくる力と、炭の目を都合よう利用して掘っていくなら、ばりばり炭がかやってくるタイ。ウチは斤先掘りしよった父親から習うて、炭の目を見きりよったきね。そのうちにこの人も慣れてくるやろうと思うて、掘って加勢しよったけど、なんが慣れるどころかね。亭主は、こちこち石炭掘るげなことは性にあわんと。生まれついての道楽者と思い知らされた時はもう遅かったよ。ウチは乳呑子を抱えとったきね。一生のくされ縁タイ。

昭和四年、二十四歳の時には、ウチは小倉炭坑におったタイ。ここに来る前は粕屋の炭坑におったが、そこはひどい所で、雨のごとしつじは降るし、枠の間が遠いと。トンボがぽつん、ぽつん、と打っちゃるが、天井は下がって押してくるし、目をつぶって息を詰めて、小走りする所がなんぼもあったきね。こげなヤマにおったら殺されると思うて、五十円の借金残したまま、知り合いを頼ってけつわって来たタイ。こまい子二人連れて、やっとの思いで逃げてきたとに、小倉炭坑では、たった一年働いた

炭の目　石炭の割れやすい方向

しつじ　水滴
トンボ　天井に当てた笠木を支える竹トンボに似た形の支柱

だけで志願止めになってしもうた。

不景気な時代で、女坑夫は皆クビになり、男までもやめさせられてしもうた。そのうえに、坑主が出した手切れ金を係の者が持ち逃げして、ウチらの手には一円も入らんとタイ。どうしてくれるかちいうて裁判になったけど、訳はわからんよ。会社が応急米を出すので、列に並んで待つウチの写真が新聞に載せられたタイ。二人の子を連れて、生まれたばかりの女の子を負うとったきね。この子とはふた月ばかりで別れてしもうた。乳が出らんごとなってね。あれを思い、これを思い、とうとう思いきって、亭主の縁続きの人に養うてもらうごとしたタイ。きれいな丹前《たんぜん》に包まれて、眠ったまま抱かれて行ったよ。それぎりタイ。

市の失業対策の日雇い仕事に行くごとなった。女は道路工事の土運びで、七十五銭。男はドベさらえで一円二十銭。週に三日の出方タイ。日役やき、よけい働いても金にはならんけど、体動かしよらな、あの子を思うきね。人の倍は働いちょるよ。それがタイ。何ちいうことかね。働きだしてから乳が張る時があるとタイ。すまんねえ、こらえておくれち言うて、泣いて乳しぼりよったバイ。女は業《ごう》な者ねえ。

亭主のヤツはドベさらえなんちまともにしよりゃせん。近くの妙見さんに巣くうて、博打《ばくち》でもしよるタイ。腹たつがねえ。

アブレの日はじいーと遊んじゃおられんきね。近くの田んぼでどじょうを取ってくるタイ。町に売りに行ったら三百匁《もんめ》十銭でよう売れるよ。新聞紙の中ならつかみいいき、腹さいてこさえてやれば、町の人は珍しがって買うてやんなるタイ。亭主はた

不景気な時代　1929（昭和4）年のニューヨークのウォール街に端を発した世界恐慌が日本に波及。折からのデフレ政策も加わって株価や物価が急落し、企業の休業、倒産が相次ぎ、未曾有の不況となった。雇用は減り、実質賃金水準は下がり、労働争議が激増した。昭和恐慌と言われる

市の失業対策　失業対策事業。昭和恐慌で激増した失業者の所得保障を行う制度で、国や地方公共団体が就業機会を創出し賃金を支給することによって救済しようとした事業。ここでは特に炭坑離職者救済のための事業をさす

ドベ　ドブのこと

アブレの日　就労できなかった日

三百匁　約1・1キロ

った一度、荷を持って加勢にきたけど、いっときしたらひょいとおらんごとなった。売り上げ銭のおおかたを持って逃げて行っとる。なんち坑内と博打場ばっかりおる人間やき、逃げ足だけは速いタイ。

まあね、こげなことぐらいで、いちいち腹かきよったら、とてもやないが話は先さへ進まんきね。こらまだ序の口タイ。

どこのカラスも色は黒いち言うやろ。筑豊にもどってきても、ウチが働くのと、亭主の手遊びは変わらん。ウチは炭塵《たんじん》に煤け、男は雪駄《せった》をちゃらちゃら鳴らして宵の口から出て歩く。博打に負けて帰ってくると、夜中でも、ウチは金借りに走らされよったきね。

十二の長女を子守り奉公に出したタイ。年頃の娘が身売りする話は、まわりにはなんぼでもあったきね。博打狂いの父親がおるとバイ。どこさえやるかわからんタイ。奉公先は村でも評判のやかまし屋の農家タイ。ここなら亭主も寄りつけまい。堅い所に預けるが安心タイ。娘はことの訳がわからん。坑内について下がって、働いて加勢するき、奉公にはやらんでくれ、家に置いてくれち泣いていやがりよったけど、寿司やら魚やら、家では食べられんげなごちそう食べさせられて、とうとう辛抱するごとなったタイ。

せつない涙ばっかりよ。うれし涙なんち、そげな涙があったとかね。ウチは流したこたないよ。娘も「鍋ん中のどじょう」で、苦労して一根性持った、負けず嫌いの女になったタイ。一人立ちして働くごとなった時、仕事場に金借りに行った父親に、弁当箱を投げつけて額にコブつけて追い帰すげな、そげな気のつよーい女になっちょらあね。さすがに体裁が悪かったやろ、「その傷は何ね」と聞いても、「ウ、ウーン」とごまかしよった。ほれ見てみい。いつまでも男の思うごとにはならんとぞ。ウチは女房やき辛抱したけど、若い者は言う口持っちょる。女も代替わりしていきよるバイと思うた。

その頃からずーと、鞍手《くらて》西川筋の小ヤマばっかりをあっち行き、こっち行きして渡り歩いた。西川銀座ち言うくらい、同じげなこーまいヤマの坑口がなんぼもあったきね。女坑夫は雇うちゃならんという時代やったが、このへんの小ヤマは、テボかろうて行けば結構雇うてくれたよ。夫婦一先で働かな、男の一人働きじゃ食べていけんきね。女を雇わんやったら、男も来んごとなるタイ。ウチのおやじのげなどまぐれ男ばかり雇うてみなさい。三日でヤマはつぶれるよ。一に泉水《せんすい》、二に豊州、三に崎戸の鬼ヶ島、と恐れられた圧制ヤマの泉水は西川やきね。けんかでも遊ぶでも、血の気が多い所タイ。どまぐれ男がいっぱいおって、女を泣かせちょるよ。うちのおやじはその大将やろう。

一番チョを奉公させたが、その下が三人。まだ豆下駄をならべちょる。おやじは全く当てにはならんき、とにかくこの子たちを育てなと思うて、朝も晩もないごととして働いたよ。たいていは一人で切り出ししよった。人よか早よ行っても、早よ上がるこ

一に泉水、二に豊州、三に崎戸の鬼ヶ島　悪名高い炭坑として言われた。「一に高島、二に端島、三に崎戸の鬼ヶ島」など、一と二にはいろいろな炭坑の名前が出てくる

圧制ヤマ　暴力で支配された炭坑

一番チョ　一番上

とはない。盆、正月げなよこいは割り増しが付くき、進んで出よった。体惜しみしたこたないきね。他人先山と組む時はその一方《ひとかた》が終わったあとで、自分だけ居残りして掘って積んで、二カンだけは出して帰りよったタイ。自分の金札《かなふだ》をかけて、「これからの二カンはウチの炭バイ」ち、詰め所に念押してから上がりよった。先山に半分わけされんごと。

一間くらいも段になって、這い上がるげな登りがあった。テボかろうて上がりよったら頭から水かぶるごとなって、そのまますべり落ちよった。ここは苦しかったねえ。足は水に負けて皮がむけ、鏡餅のひび割れになって、それに粉炭が刺さって痛いタイ。それでも詰め所で大白膏すりこむだけで、明けの日、あたり前のごとして下がりよった。卸底《おろしぞこ》の困難箇所は割り増しが付くき、行くとタイ。水が多いで泣かされたよ。

一日の半分は地の底におるきね。中の様子はくわしいよ。どの坑道がどの坑口さへ行くか、その地図は足が知っちょるきね。上の道歩くよか、坑道伝うて行った方が近道タイ。

勘定受けはいつも地の下通って行きよったけど、その金を、亭主のやつが先に受け取ったりするきね。労務がウチに同情して、この不良坑夫を坑内に叩き下げたことがあったタイ。自分のことは棚に上げて、ウチが告げ口した、男に恥をかかしたと怒りよったが、だれがわが夫を人に頼んで仕置きしてもらうかね。恥さらしな。人には頼まん。ウチがやるよ。うそやない。仕繰《しくり》ヨキ抱いて三晩寝たことがあるとバイ。仕繰ヨキちゃ、仕繰先山が持つ専用の斧タイ。カミソリの刃のごとぎらぎら研いで、切れ味が命やったと。

亭主がまた借金作ったけど、ウチは知らんふりしとった。そしたらあんた、娘を若松の料理屋に仕替《しか》いさせようかち言い出すやないね。娘の奉公先に泣きついて、娘を手放さずにここに置いてほしいと頼み、五円の金を借りた。主人からやかましゅう怒られたけど、なあも言い返すことはできんタイ。娘の姿は見たが、主人に気兼ねしてウチの傍によってこうともせん。背中に赤児を負うて、向こうの方からじいっとウチを見よった。

帰り道、遠回りして竹ヤブの中の道さえ入って、いっとき泣いたよ。こげな情けない思いせなならんなら、亭主のヤツを殺してやろうと本気で思うたきね。


亭主の仕替い話は、ウチを金作りに走らせる口実タイ。「前金倍出すき、すぐにでも来てくれ」とウチを雇いに来る坑主は一人やなかったきね。子供の入学用品をポイと揃えてくれた人もおるバイ。「ウチが請けて働くき、借金払いは待ってもらいない」「んなら、おまえが加勢しちゃるか、すまんのお」。何がすまんと思うちょるか。頬べたぶちくらわせようごとあるバイ。こげなふうで、いつもウチさへ荷がくると。炭坑がある間中はこの繰り返しやったタイ。三晩の間、考え抜いたよ。ヨキさえ手がいったきね。けどが、なんぼ性悪おやじでも、目の前で眠っておれば、ボンコシでボタ石打割るげなわけにはいかんタイ。

蚊帳の中には、三人の子供が重なりおうて眠っちょるきね。残された子供の将来を

仕替い　仕替える。勧めている所を替えること

ボンコシ　岩やボタを割る鉄製の大きな金槌

思うと、これがまたむげのうてならんタイ。これまで子供のために辛抱してきたとに、今になって子供のために人殺しはしちゃならん。ウチがおる限りは、働いて辛抱して、子供を太らかすことだけ考えようと、よくよく自分に決心つけて夜を明かしたタイ。子供の寝顔じぃーと見とって、早よ太れ、早よ大きいなれよち、しんから願うたバイ。それだけが頼りタイ。

　ウチがあまり働きすぎるき、亭主があてにして遊ぶごとなる、と言う人がおるけど、男が遊ぶき、女が働かなならん。女が働きゃ男が当てにする。卵が先か鶏が先かなんち、のんきなこた言うてはおれんタイ。

　今の者はなんで離婚せんやったのかと思うやろ。ウチも別れたいと何回思うたかわからんよ。けどが、炭坑は何ち言うても男の社会やきね。男がおらな炭住に入られん。ボロ家でも雨露しのぐ住家があって、まわりの人に助けてもろうたきこそ、子供たちをおいて、居残りでも連勤でも、精いっぱい働いてこれたと。炭住におりたいなら、夫婦別れはできんタイ。女子供は男の持ち物という時代やったきね。

　坑内では夫婦一先で同じごと働いて、上がれば男は上がり酒飲んで、ゆっくりしとるが、女は一仕事も二仕事も家の中でせなならんタイ。それをきついと思うても、女ちゃそうしたもんと諦めなしょうがない。亭主はヤカン一杯でも、水汲んで加勢するげなこたなかったバイ。

　ウチは炭の目を見きりよったきね。どこに行っても一人で切り出しよったよ。亭主

山本作兵衛「夫婦共稼ぎ」
個人蔵 © Yamamoto Family

のやつはもう当てにせんごとした。卸《おろし》は切賃が五銭ほど高いので、卸ばかりに行くタイ。五尺の炭を掘る時、その下はソコサンという一番底にある炭タイ。ツルの丈ほどすかして、天井落とせば三カンは出るけど、マイトの穴刳《く》っても水が多いでどうにもならんと。一カン七十五銭になるき欲しいタイ。

三本かけたマイトが三本ながら不発するき、ピスが濡れとるとかと思うて、ダイつけたまま線香の火をつけたら、ジュ、ジュッと燃えてきたきね。そのまま切羽に投げつけて破裂させたら、小頭が飛んできて、「ぬしゃ、恐ろしいことするのお」とあきれちょったよ。

坑内に下がりはなは、マイトがえずいで遠くまで逃げよったとに、火のついたマイトを握るごとなったきね。炭が欲しいばっかりタイ。天井が少々悪いでも、荷なわせ入れて、一人でたいがい三カン、四カン掘って出しよったバイ。

どげな仕事でも男には負けんごとこなしたよ。柱打ったり、延先掘進《ぬびさきくっしん》、ポンコシで大岩も打ち割ったバイ。山から坑木もだした。十尺、十二尺の長いとでも、朝鮮負籠《おいこ》で一日に十何石もからい下ろすきね。「どびき牛」とあだ名がついたよ。「おまえはどこからそげな力が出るとや」と気の荒い小頭も、ウチには一目も二目も置いとったバイ。「鍋ん中のどじょう」の開き直り、せっぱつまって出した女のくそ力よ。ウチはいつのまにか、一生重い荷を牽かなならんどびき牛の、万能坑夫になっちょったタイ。

遠賀土堤行きゃ雁が鳴く

ダイつけたまま　ダイはダイナマイトにつながる導火線のこと。雷管を導火線に巻き火をつけたまま投げた状況

荷なわせ　成木を天井に当て両端に柱を打ち込んで施枠する

朝鮮負籠　通常より大型の背中に負う籠

どびき牛　大きな材木をひくような力の強い牛

帰りゃ妻子が泣きすがる
けんか博打で暮るる身の
川筋男の意気の良さ

だれがこげな歌の文句を作ったか。女房子供を泣かせて、何が意気が良いと思うか。こげな歌作るき、おやじのげな男がのぼせ上がるタイ。泣かされる女の身になってみい。頭カチ割ろうごとあるが。ウチ一人ですむならいいよ。子供まで父親に泣かされとるとバイ。女親はたまらんよ。ただ働くばかりで、戦争が始まろうと終わろうと、ウチは地の底ばかりにおったタイ。ダゴ汁の弁当下げて、坑木の代わりに青竹のシガラ組んで仕繰って行きよった。大岩かぶっても絶対死なれん。死んだら子供たちが路頭に迷うと思うて、執念で働いたきね。おかげで危ない目には何度もおうたけど、大事にはならんですんだ。神仏が守ってやりござるとバイ。

一度だけノソンしたねえ。隣の切羽の先山が、不発マイトが残っとったとにツルを打ち込んで大ケガしなったタイ。早よ引き出さなち言うて、ボタをかきのけよったら、「目ん玉がのうなったー」と言うて、幽霊のごとして、血だらけで出てきなった。両目、両手を吹かれて、見るも無残な姿やったバイ。ハコにかつぎこまれる時は正気を失のうたままタイ。十四、五の娘が後ムキで、テボかろう出てきとったきケガはしとらんが、「父ちゃんが死んだあー」と泣き叫んでハコにすがりつくたいね。慰めようがないとよ。誰もが死んだと思うとったが、運の強い人で助かんなったきね。けど、

川筋男　遠賀川流域、筑豊炭田一帯を「川筋」と総称した。「川筋男」は、その地帯の人々をさし、金づかいと気は荒いが、潔く、男気のあることを特色とする

シガラ　壁を崩落しないように組んだ土止めの竹

両目、両手を失のうて、地獄の苦しみやったろうと思うと、胸がつまるバイ。

　その翌る日、ウチは三人もやいでその切羽へ行ったけどが、生ぐさいげな血の臭いがこもったごとして、つきまとうタイ。そこらへんに先山さんの目ん玉やらがあろうげな気がして、仕事する気にならんと。血だらけの先山さんの姿を見とろうがね。とうとうおりきらんで、三人とも上がってしもうたタイ。

　ガス爆発も恐ろしいよ。ウチゃこれには命しまえるげなめにおうたきね。忘れんバイ。そん時は仕繰りの後ムキしよったと。風道の切り上げしよったら大岩が出てきた。この岩をはさんで、向こう側とこっち側と両方から仕繰って行きよったタイ。天井が下がってハコが通りにくうなったきね。一番方、二番方がかかって、狭くなった坑道を切り広げていきよったら、その大岩が壁の方に出てきとるタイ。ウチは手前側におって、腰かがめて枠ガマの穴を掘りよったら、いきなり明かりがパッと消えて、ドーンと、マイトの底鳴りするげな音を聞いたごとある。はっと思うた時は、岩の向こうが真っ赤に見えて、ウチゃもう火風に飛ばされて、足の方からでんぐり返っちょったバイ。風のかたまりが、そりゃ激しい勢いでぶち当たってくるとタイ。真っ赤になって走ってきた火風が、その大岩に当たって、はね返って行きよると。あっという間のことタイ。

　奥の方の払いでガス爆発があって、朝鮮人の移民隊の人たちが焼け死んだち言うが、大岩の向こうにおった先山も、後ムキの人も死になった。まっ黒に焼けて、引き出そうにも、わかめの垂れ下がったごと身の皮がむけて、手が出せんやったということタ

枠ガマ　枠足を固定するための穴

イ。ほんさっきまで、声かけおうて仕事しよった人たちバイ。大岩がなかったらウチも黒こげで死んどるよ。

オーガの穴刳りよって、電気の火花がガスに移ったとげなが、本当に死ぬかと思うたバイ。ウチの知り合いがヤケドしとるきね。家にはよ言うて行かなと思うて、坑口から出て、どんどん走って行きよったら、会う人が笑いよると。ウチの顔はまっ黒けのままやったきね。そらおかしかろうが、笑うだんやないよ。死者は六人、ケガ人は二十四人にもなったちいうタイ。他人事《ひとごと》とは思えんバイ。こげな目におうたら、命がある、今生きちょるということが、何よりも一番と思うごとなるタイ。元気で働けば、麦飯に梅干し、たくあんコンコンだけでもご飯はおいしいきね。

昭和三十七年の五月に、職業安定所に行って、失業対策の仕事に入ったタイ。このあたりの炭坑はどこもつぶれてしもうて、もうウチの働く所はのうなってしもうた。日給が二百七十円やったろうか。安い賃金やが、毎日現金でもらうとが嬉しかった。閉山前の金券支払いには泣かされたきね。

それに亭主に金受けのできんことが一番いい。炭坑は見合いで前借りができるきね。一月《ひとつき》、二月《ふたつき》、金の顔見んままでも帳面で暮らすことができる所タイ。それでも、できるだけ見合いせんごとやり繰りしようなら、亭主がハイエナのごと金受けてさろうて行ったりするきね。油断ができんやったタイ。

初めての賞与が七千五百円。右から左に出て行く金であっても、ありがたかったよ。

金受け　賃金の受領
見合い　給料日前に設定された払い日
帳面で暮らす　ツケで暮らす

自分の稼ぎを自分が受け取る。初めて働いて金もろうたちいう気分を味おうたきね。

四人の子供は、次々に一人立ちして家を離れて行ったよ。年寄りの守りするこたいらんタイ。小さい時から苦しい中をよう辛抱して育ってくれたきね。亭主は炭坑がのうなっても、賭け事の種にはこと欠かん。レース場やらパチンコやら、なんでこげえ遊び場が次々できるかねえ。四方八方から金捨てに集まって来るんやが。そのためにどれだけの女が泣かされよろうかね、思いやるバイ。それでも、年とともに亭主もおとなしうなってきた。借金作るほどの元気がのうなって、ワル仲間の生き残りと花札くって手遊びしよるタイ。

「どまぐれたあげくに、よそにけつわりゃいいというわけにはいかんとバイ。もう炭坑はのうなったんやきね」とクギをさすと「世の中やりにくうなったのう」と愚痴りよったが、とうとう死ぬまで賭け事はやめきらんままやったねえ。

小さい時から奉公に行かされて一番苦労した長女が、一緒に暮らそうと言うてくれる。けど娘の家も、太り盛りの子供を抱えて、楽な暮らしはしよらんタイ。鏡見るのがイヤになるほど、年老いて、目も耳も悪うなる、パフパフ草履で歩きよるばあさんが行ったちゃ、いいこたないよ。それを来い、来い言うてくれるきね。

優しい言葉を聞けば、すぐ涙が出るごとなってしもうた。亭主が死んで、もう誰も、ウチを泣かす者はおらんごとなったと思いよったとに……。

撮影：山口勲

一旗の夢

日向の国　宮崎県

大正九年、日向《ひゅうが》の国から出てきた時は、子供は三人連れて、ウチは三十過ぎたばかりやった。二年不作が続いて、水も飲めんごとなった水飲み百姓で、炭坑の募集人にかかって村から出てきたとやが、炭坑に行くごとしたら親たちが泣いて止めたタイ。「炭坑ちゃ恐ろしい所、入れ墨者がうろうろして、けんかばかり。地の底にもぐって働いて、いつ命を落とすかわからん仕事やろうが。男仕《おとこし》、女《おな》ご仕になって奉公する道もあるけん、炭坑だけは行ってくれるな」と言うてね。そげして口説かれたウチが、一番長生きしちょる。今年九十二になったきね。

今のところ、膝が悪うて曲げにくいほかにたいした病気はないし、目も耳も不自由はしとらん。寝ついた時にいると思うて、古いゆかたをほどいておしめを縫うたりしよるけど、針の目も通るきね。一人暮らしやき、大工のまねごともするよ。掘りごたつもこさえた。自分で枠を入れて板張って、好いたごとするタイ。二十年のその上も坑内で働いたおかげで、たいがいなことはしきるごとなっちょらあね。

娘が近くにおるとけど、「屋根の修繕だけは二度とするな、近所の笑いものになる」ち言うき、さすがにそれはもうやめちょるタイ。いっときは「女ご先山」で通しよったとに、それがタイ、わがおしめを、ぼーちぼち縫うごとなってしもうたきね。こげなもんお世話にならんでコロっと逝きたいと思うちょるが……。

この年になっても一人でやっていけるとは、近所にばあさん友だちがおって、毎日顔合わせよるきタイ。炭住の頃からの長い付き合いやきね。炭坑で働いた体と友だちがおることが、ウチの長生きのもとと思うとる。

前の道をとことこ行ったらトミさん方タイ。ここは婆さんの溜まり場で、いつも誰かが遊びに来ちょる。カラオケの機械があるき、何人か集まって気がむきゃ歌うて賑わうタイ。みんな同じごと働いて、年拾うて、あっちこっち痛いとこばっかりけど、愚痴言うよりか歌でも歌うた方が気分がいいきね。古河目尾《しゃかのお》の時からの習慣タイ。炭坑も盛りで元気がいい。何かかんか言うちゃあ集まって飲みごとしよった。勘定受けりゃ勘定祝い、坑道が延びりゃ間取《けんどり》祝い、炭がでりゃ大出し祝い……。ウチの爺さんが太鼓たたく、ウチらも歌いよったきね。ほかに良い事はなし、飲んで賑わうとが坑夫の楽しみやったが、男は皆死んでしもうて、残った婆さんばかりが今でも集まって仲よう遊びよるタイ。

みんな歌が上手。何ち言うたちゃ、地突きの綱を引く時に、歌い方に雇われて行きよった人たちやきね。歌が仕事の加勢するち言うけど、その歌の調子にあわせて綱を引いたり、放したりして地突きができるとやき。しゃんと歌わな責任が重いタイ。金もほかの人の倍もらいよったげなよ。ウチも歌はすいちょる。昔の歌がひょこっと出てくるタイ。

立つはろうそく　立たぬは所帯
破れ障子を吹く（福）の神

こげな何ともしれん歌ばっかりやないバイ。ウチの十八番《おはこ》はこの炭坑節タイ。

好いて好かれて惚れおうて
一夜も添わずに死んだなら
私ゃ菜種の花と咲き
おまえ蝶々でとんで遊ぼ
サノヨイヨイ

今はもう声がよう出らんで四苦八苦しよるが、「それでも歌かい」とはやされると、「泣くよりゃましだよ」と言い返すタイ。何ち言うても、この合いの手が気に入っちょると。本当、泣くよりゃましと思うて働いてきとるきね。泣き言なんち言う間はないよ。家も畑ものうなして。もう帰る所もないで出てきたとバイ。それでも金稼いで、一旗上げて帰ろうと思いよった。日向へ帰る夢を捨てきらんだった。

三菱の募集人は三年働けば金は残ると確かに言うたが、五年は働かなと覚悟しとった。五年辛抱したら夢が叶うはずのところが、五年経ち、十年経ちしよるうちに、夢はとうとう叶わんずく消えてしもうた。残念でならんタイ。孫たちに話したら。「婆さんにも夢があったんな」と笑いよる。あっ、あったクサ。最初《はな》から年寄やないとぞ。ウチの血気盛んな時代に持った、たった一つの大きな夢やっちょるタイ。なんぼ年を取ったちゃ、わが生まれた土地を忘れる者がどこにおろうか。

炭坑に行けば、お天と様と白飯がついて回ると言われて、炭坑は一旗あげて故郷へ帰る金の稼ぎ場のはずやったと。

まだいよいよの新参の頃、弁当をネズミに盗られたことがあったタイ。そん時にウチは思うた。地の底で飯食うだけならネズミと一緒やないか、今に見とれ、一旗あげてやるぞっち。必死で働こうバイと決めたきね。けどねえ、炭坑という所は、てんてら安う金稼ぎのできる所やないよ。「年寄りの愚痴と昼からの雨はやまん」と言うが、本当、愚痴り出したらきりがないよ。こげん時は歌でも歌うタイ。その方がいいと。

新入《しんにゅう》炭坑の夫婦者の納屋は、カンテラが灯りやった。初日はたまがったよ。坑内は皆裸で働きよるやないね。手繰《てぐ》りに長い腰巻きのウチは、暑うておられん。汗はじゅくじゅくわいて出る。腰巻はぞろびいて歩かれんやろ。とうとう手拭い一本を腰に巻いて、いやも応もない裸の姿でテボからいしたタイ。

昔の炭坑納屋ちゃ、四畳半一間に親子五人で暮らすとバイ。屋根は杉皮のソギ板を並べて、板壁のまん中につっかい棒でギイッと押し上げて開く窓が一つあったね。床は竹で編んで、その上に畳が敷いちゃるき、男たちが飲んでドサドサとごえ回ったら、どしゃっと床が抜けるタイ。お膳はひっくり返る、尻もちはつく、ちゃがんちゃがんよ。
お産や湯灌《ゆかん》の時は、真ん中の半畳をはぐってそこを使いよったタイ。所帯道具なんちゃない。鍋釜、茶碗に、ふとん、蚊帳《かや》……。箪笥《たんす》代わりにマイトバコやら柳行李《やなぎごうり》、信玄袋《しんげんぶくろ》、外には洗濯タライに漬物桶があるぐらいやなかったかね。どこもみな同じげなすっからかんタイ。

夏の夜は蚤退治で寝られん。雨は漏るし、雪が降りゃ屋根がしゃげるごとなる。子供が多い家は、台所の土間にゴザ敷いて、親たちはそこで寝ちょったちいうことタイ。本当、笑いごとやないけど。こげなったらもう笑わなおられんよ。

流しの狭間格子《はざまごうし》の窓を外から開けて、繰り込みが一番方を起こしに来よった。坑夫は時計持たんきね。「下がれ下がれの朝三時」ちいう歌がありよったが、その頃は二交替やった。時間が長いタイ。所帯道具は持たんで体一つで、よその炭坑をけつわって来ても、大納屋を頼って行けば鍋釜もあるし、その日からすぐ働くことができるごとなっちょる。鍋釜は、前のけつわり坑夫が置いて行ったもんで、ただじゃないバイ。道具代も肩入金も借金になるんきね。大納屋はもうかるよ。

新入炭坑でやっと仕事にも慣れてきた頃、岩の下になって、足の骨をぐっきと折ってしもうた。天上の吊り岩を束柱《つかばしら》で支えてあったと。岩が下がって押してくるけん、よか炭がばりばりせり出されて崩れてくるたいね。ツルで掘らんでも、掻き板でかき

ちゃがんちゃがん　めちゃくちゃ、どうしようもない

しゃげる　押しつぶされて、ぺしゃんこになる。ひしゃげる

肩入金　前借りの支度金

寄せるだけで、何も骨折らんで炭が集まるとバイ。こりゃあ一カン積まなと思うて、一番二番の交替の時やったが、ウチは居残りして積みよった。吊り岩はいつ落ちるかわからんと思うて、天井見い見いしよったき、ぐらっと柱が舞い出した時、すぐ逃げられたタイ。逃げるには逃げたんけど、足先がすべってこけちょるタイ。そのはずみに左足をはさんだか、打ったかしたんやろう。動けんごとなってしもうた。あたりは誰もおらん。二番方が来てから引っ張り出してもろうたが、かがとの骨が折れちょったタイ。二ヶ月もよこうたきね。

炭坑に来てまだ半年もたたんうちにこげな目におうて、一旗あげるどころか、日に日に所帯が苦しゅうなるタイ。二人働いてやっと暮らしていきよるとが、一人働きになってしもうたら、そりゃきついくさ、命が助かったと思えば文句は言えんが、何とかせなアゴが干上がるきね。わらじを編むごとしたけど、足が悪いき、要領が狂うて思うごと行かん。何と、相撲取りがはくげな大きい松虫げなわらじができあがったきね。これじゃ銭にならんと、何回も編み直して、やっと人の履かれるわらじをこさえあげた時は、やっぱあ嬉しかったよ。坑内には替えのわらじを持っていきよったが、「タカさんの作ったわらじなら一足でもてる」と、三銭で買うてくれる人があって、日に十足ぐらい売れるごとなったけど……。

やっぱ働かなどうもならんタイ。医者は止めるけど、足を引きずってでも行かなと思うて、坑内に下がるごとした。医者は喰わしてくれんとやきね。テボかろうたら、最初の一歩が踏み立てられん。登りは足に荷がかかり、ハコ押せば足がつって歩ききらんと。わが足を引っぱり寄せるごとして、一歩一歩、痛い痛い言いもって働いたよ。泣きの涙やったねえ。

そげしよるうちに、ウチの足はさすが貧乏人の足バイ。強いバイ。自然に慣れていったきね。医者から怒られて、病院には行きにくうなって治療はやめたけど、うちの足は立派に治っちょる。よう辛抱して働いた足タイ。

炭坑は男が大将。女の賢いは男の八分とか言うて、何ちゃ女をバカにするけど、炭坑は女でもてちょる。男が山ほど炭を掘ってもそれだけじゃ金にはならん。女の積み出しで、初めてハコ何カンちゅう金になるとやろうが。子ヤマの坑主は「女の辛抱を金で買う」と言うて、夫婦者を雇うタイ。女はすかぶら回すことはない。子供育てなならんきね。

石炭の目も見きらんヨロケ坑夫よか、ウチの方が炭は出しきるバイ。ウチがしきらんとは、石割りと天井のマイトの上げ穴刳《く》りやった。これは下から上へ石刀を振り上げて、ノミの頭を叩かなならんき、ウチの力じゃ無理やったね。マイト打ちはしたよ。小頭がずるけて、わが涼しい所で寝たり、気に入りの女の切羽に遊びに行ったりすると、仕事はウチにまかせて。こっちは言われた通り、マイトの穴刳ってマイトこめ、線つないで、危ないも何もあるかね。煙が逃げんでばた狂うたりしたこともあるバイ。しきらん仕事でもしよれば慣れる。初めから上手はおらんタイ。なあに、人にできてわができんことがあろうかと思うてすると。そげして働いたき、いつも人よか勘定受

言いもって　言いながら

けるとが何ぼか多かったけど、わらじから地下足袋に変わった時、その地下足袋一足がすぐには買えん有様やった。

坑口に行って、わらじばきの者は下がることできんと止められた時の情けないこと……。そん時は係員が自分の長靴を貸してやんなった。「あとで、人車《じんしゃ》の中に脱いで入れちょけ」と言うて。ありがたかったよ。男も女も五寸五寸で働きよるき、仕事は負けはせんが、炭の多い時は、それを積んでしまわな上がられんタイ。居残りして、二番方の備えハコ取って、人気のない街道をスラ引いて積みよった。早よ帰りたいは山々よ。備えハコを取るち言うて、陰口されたこともあったけど、自分の心が鬼にならん限りは、人も鬼にはならんはずと思うて、黙ってこらえとったタイ。時には二番の人が来て、「おばさん、まだ積みよるとな。おれが出しとってやるき、早よ上がんない」と手伝うてくれると。ウチの金札を二カン分取りあげて、「ボタガン引かれても、まあ何ぼかもうけやろ」とボタ混じりの石炭を添えて二カンにしてくれる人もおったきね。

この人たちは掘進《くっしん》で、坑道を延ばした長さが金になるとタイ。石炭は出しなれんと。ヤマの男はもの言いがけんかしよるごとあるけど、悪い人ばかりやないよ。ウチがいつも居残りしよるき、時々加勢してやんなるタイ。それに引きかえウチの亭主の薄情なこと。加勢のかの字もないが……。

夜明けに下がって十二時間近う働いて、居残り続けたら、昼の明かりで洗濯するこたないバイ。ほどくも縫うも夜なべ。昼の明かりで洗うたり、縫うたりしたい。これ

ボタガン引かれて　ボタガンとはボタばかり入れる炭函のことで、ここではボタの量をさしている。炭車に積まれた石炭からボタと思われる分を差し引いて出炭量を計算すること。その係員を勘量または勘場と呼び、どの程度ボタとみなすかをめぐって坑夫との間で諍いや不満が絶えなかった

があの頃の願いやったね。

仲の良い夫婦のことを松葉夫婦《めおと》というやろ。松葉はいつも根本がつながって、二本がばらばらにはならん。枯れても落ちても二本一緒やないね。ウチら夫婦は、夜明から同じ切羽で一緒におるとに、文句ばかり言うてけんかもようしたタイ。ウチは一カンでも炭出さなと思うて居残りしよるとに、松葉の片一方は、先に上がってあたり近所にはおらん。ホケのごとして遊びよるタイ。こげなうちら夫婦でも、大天かぶって一緒に死ねば松葉夫婦と言うんかね。

新入から、飯塚《いいづか》、小竹、中間《なかま》、遠賀《おんが》と何回か移り替わりして、最後は古河目尾《しゃかのお》に落ち着いたタイ。目尾は暮らしやすいヤマやったね。景気のいい時代で、東京の本社から社長さんが来なった時なんちゃ、そりゃたまがるごと豪勢なもんやったよ。何と人力車連ねて芸者衆がお伴してくるとバイ。事務所の前から、病院の下、購買店の道と、ヤマの目抜きの通りにずらりと出店がこさえられて、酒が並ぶ、食べ物が並ぶ、大人も子供も、だれでもかれでもが、飲み放題、食べ放題の大盤ふるまいしよるタイ。飲み放題のうえに、酒はやかんやらバケツに入れて持って帰りよる者もおったきね。たいそうな金がかかったお祭り騒ぎの出来事やったバイ。

公傷でよこうとる者にも、社長さんからお見舞いが渡されたきね。卵が二十個と手拭いと。さすが古河の社長さんバイ。することが大きいと評判やったタイ。けど考えてみたら、それだけ坑夫が働いて、炭坑が大金もうけしよるちいうことやろが。

景気がいいと働くのもせいが出るタイ。十戸並びの納屋がずらーと建って、人も出

ホケ　とぼけ、呆け
大天かぶって　大きな落盤に遭って

歩く、飲んだり歌うたりしよる。けんかもある。刃物振り回したり、マイト持って追い回したり、けが人が病院にかつぎこまれたり……。金はパッパラパーに使うてしまうけど、そら炭坑が盛んで、人も金も動きよるということタイ。

それがあんた、水非常ができたあとは火の消えたごとしーんとなってしもうたきね。昭和六年七月初めに、たまがるごと大きな雹《ひょう》が降った。ガラバコの上にコロコロ音たてて落ちてきたきね。何か変わったことが起きないいがと話よるうちに、水非常の大事タイ。炭坑の者は縁起をかつぐと。命にかかるげな事故がいつ起きるかわからん仕事やろ。目の前で人が死ぬとバイ。何かがあったら、不吉なことに結びつけて考えるごとなるタイ。ウチはいつも仕事に出る時は必ず、かまどのススをちょっと体につけて行きよったよ。年寄りから聞いた魔除けタイ。

坑口までたっぷりの水がきたきね。切羽全体が水に浸ってしもうて、半分がたの坑夫がよそへ移るやら、やめさせられるやら、あっという間に十戸並びの納屋が、ごそっと空き家になってしもうたタイ。千人の上もおった者が、五百人も六百人もやめさせられるんバイ。五十円の手切れ金で解雇するのかと、事務所に押しかけるやら、石を投げ合うやら、煙突に登るやら、嘆願書を出して座り込むやら、とうとう警察が出てくるげな騒ぎになってしもうたタイ。ヤマに残った者も、休業状態で仕事にならんと。朝晩声かけおうて、暮らしよった近所隣が、ちりぢりばらばらになって、ノラ猫までもどこさいか行ってしもうとる。

よその大ヤマでは女坑夫が志願止めになって、首を切られよるという話やら、これからは、もう女ごは坑内に下がられんごとなるげな、という話やらが耳に入りよった頃タイ。石炭が不景気やもんで、なんちかんち言うて、女を雇わんごとするとたいね。先のことはわからんけどが、とにかく夫婦で働かなどげもならんちいうとに、水非常に遭《お》うて休業せなならんとやきね。炭坑ちゃ良い時は良いが、一つ間違うたらほんと、何があるやらどげなるやら、いきなりだましやき、やっぱあ恐ろしい所バイ。

水非常のあと、いっとき中間の炭坑に行っちょった。そのヤマは、昇り切羽ばかりしかない浅い小ヤマやったきね。カンテラ持って、坑口からそのまま切羽さえ歩いて行くとタイ。ガス気がないき、電気ドリルでオーガのみを使いよった。マイトの穴刳りタイ。ウチの先山は、けんか腰の強いげな男やったが、これが電気の震動に弱いでから、ガガガガーとドリルが動き出したら、体もぶるぶる震えてしびれてくるとげな。「おばさん代わっちゃれっ」ち、おらびよるタイ。「そのかわりウチのスラ引かなバイ」「ああ、引くき早よ代われー」ち言うてね。ウチはにぶいとか、別に何ともないタイ。先山がじいっと座って見よるき、「約束やろがスラ積まんかい」と言うてやったら、しぶい顔して掻き板握りよったよ。

手掘りの時代は、この長いのみを石刀で叩いて穴刳りよったとバイ。それが「ガガガガー」でしまえるき、ありがたいもんやないね。

ウチはここで命拾いしたバイ。一本剣のレールを直しよったら、棹取りさんのケン鉤《かぎ》の先が足の先をかすって、親指の先をちょっと切っちょるタイ。仕繰り方がヨキの

一本剣のレール　車道の分岐するところにある可動式のレールで、このレールの位置を変えることにより、炭車の進行方向を変更する

刃をビカビカに研ぐごと、棹取りはケン鉤の先をギラギラにとがらせるきね。ウチは足半《あしなか》はいて指はむき出しやろ。ほんのちょっとかすっただけでたいしたことないと思うて、手拭い裂いてきびっておいたけどが、血は出るし、痛うはあるし、足ひきずりよったちゃ、仕事はできんタイ。

「今日は早上がりせえ」と小頭が言うきね。こげなケチのついた日はろくなこたあない、早上がりした方がよいかもしれんと思うて、荷を持って、だれもおらん街道を歩きよったら、バラバラッと、砂粒げなとが落ちてきたごとある。天井がバレル前は、荷がきよるぞーち、こまいとがバラッと落ちてくるとが「知らせ」タイ。バラバラッとまた落ちて来て、「知らせ」と気づいた時、ウチは前さえ必死で走ったタイ。良い悪いを考える間《ま》はない。無我夢中で走りだした後、後ろの天井がガダーッと落ちてきて、足のかがとにバラバラ当たるげな勢いタイ。ふりむいて見るとも恐ろしいで、見きらんやった。とにかく早よ逃げな、早よ上がらなとそればっかり思うてねえ。

坑口の明かりが見えた時、ああ外に出られるっ、助かったと思うたら、急に足が痛うなった。ケガのことは忘れてしもうとったタイ。坑口の詰め所で薬をつけようと思うたけど、誰もおらんきね、近くの知りあいの家によって赤チンを塗りよったら、「タカさんが埋まったバイ」ち、顔色変えて言うて来る人がおるやないね。

ウチゃたまがったバイ。坑内じゃてっきりウチが埋まったもんと思うて、大騒動しよるという話。ああすまんことした。ウチは気が動転してしもうて、自分のことだけしか考えとらんやったタイ。まわりに迷惑をかけてしもうて、顔向けできんごとある

山本作兵衛「むかしヤマの女6（ケツビキ―傾斜のある坑道を後ずさりに下がる）」
田川市石炭・歴史博物館蔵
© Yamamoto Family

とに、みんなが「無事で良かった、良かった」ち言うて、わがことのように喜んでやんなるとタイ。だれかれなしに、家まで次々訪ねてきては声かけてくれるとバイ。こげな人情の厚い所がほかのどこにあろうかね。

ウチ方も酒買いに走るタイ。隣近所が大根の煮たんやら、か芋の煮たんやら持ち寄ってきたりして、何ち言うても、こげん時は飲みごとで厄払いするとが一番タイ。

スラとテボ。どっちもいやというほど使うたが、全身に重みのかかるテボかろいよか、ウチはスラの方がよかった。受けズラでも引きズラでも、要領がわかれば慣れたもんタイ。卸底《おろしぞこ》からのテボかろいはきついバイ。背中から水がたれよる。地下足袋も破れて毎晩繕うけど、ゴムと布が離れるごとなって、ヒモでぐるぐるきびりつけよったきね。足は水虫でザクロのごとなって、乾いたらバリバリするほど痛むタイ。毎朝地下足袋の中に塩をいれて履いて行きよったよ。わが足はタダけど、地下足袋は右から左に気やすうは買えんとバイ。

一日テボかろうて、背中も足も痛いけど、先山が「今日は六カン積みのやり切り仕舞で上がるぞっ」ち言うたら、「よしきた、やるバイっ」と、気合い入れて立ち上がりよったもんタイ。曲片《かねかた》から捲立《まきた》てまで、百間ち言わんほどハコ押さなならん所でも、やり切りで早上がりできるのがうれしいきね、がんばるタイ。そのかわり目の色変えて動きよらな「何しよるかっ。飯粒数えて食べよるかっ。早よ積んでしまえっ」と先山にどなられる。弁当も噛み噛み立ち上がりよったよ。

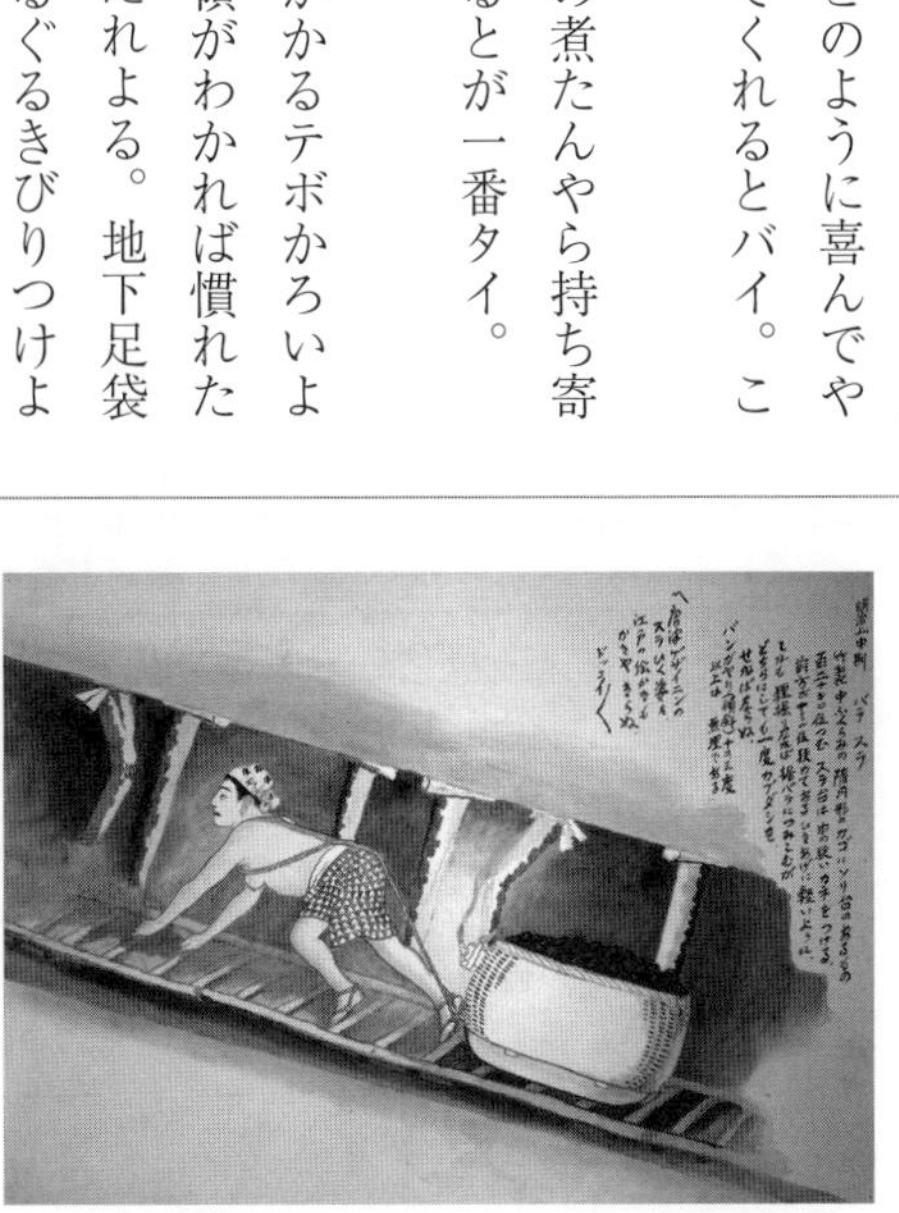

山本作兵衛「バラ　スラ」
田川市石炭・歴史博物館蔵
© Yamamoto Family

九十過ぎた今でもありありと思い出すバイ。よう辛抱して、よう働いたよ。ほんなごと、わが手足をさすってやろうごとあるタイ。

一旗上げて故郷へ帰る夢はかなわんやったけど、そんな夢持った時代がウチにもあったんきね。故郷はとうとう打ち捨ててしもうたけど、ここには「婆ちゃん遊びに来ない。お茶飲みない」と、声をかけてくれる同志《どし》がおるタイ。

近頃、この町に老人福祉センターができた。風呂に入ったり、カラオケしたり、寝たり、転んだりして遊ばれる所で、バスが送り迎えしてくれるき、年寄りがよう行きよるタイ。

時々誘われるけどが、あんた、考えてみたら、バスに乗って行かんでも、隣近所が福祉センターやないね。トミさん方にカラオケもあるバイ。ウチは毎日のごと行きよるよ。病人には、お粥炊いて見舞いするタイ。福祉センターがしてくれるかね。トミさん方が、三十万もするげな羽根布団の押し売りに上がりこまれた時も、ばあさんたちが行って追い返してやったバイ。「ちょいちょい見る押し売り車がまた止まっちょるバイ、行ってみろうや」ち言うてね。行ってよかったよ。通帳の印鑑はどこにあるかち聞かれよったバイ。一人暮らしの年寄りを食い物にするなんち、ろくなヤツやない。恐ろしい世の中になったねえ。

それけどがタイ。一人暮らしはしよるけど、ウチたちは一人じゃないバイ。炭住からの付き合いタイ。炭坑ではみな苦労した。今でこそ笑うて話しよるが、少々の苦労じゃなかったよ。そんな時にお互い一升の米を分けおうて、それを乗り越えてきたんきね。筋金入りの付き合いよ。押し売りのヤツらにはそれがわからん。炭住のばあさんをなめちょらせんかね。何と言われても、ここが一番いい。ウチはここで死なしてもらうバイ。

河島タカさん九十二歳と初めて会った時、掘りごたつの修繕をしていたのだと、ねじり鉢巻をきりりと締めて、それがよく似合っていた。

古川目尾鉱の〝女ご先山〟と知られたタカさんの手は何かをしようと思ったら、さりげなく首の手ぬぐいをきりりとひねって、向こう鉢巻をひょいとこね上げてしまう。その無駄のない絵になる手の動きにはいつも魅せられた。

「タカさんが『死ぬまでにま一度、井手川さんに会えるやろうかなあ』と言いよりますき、また話聞きに来ならんですか」

仲良しのトミさんから電話があった一月の末は、雪空が続く寒さのただ中だったので、寒明けに訪ねる約束をして、その数日後、タカさんは彼女らしい潔さで、あっさり永い眠りについてしまった。九十六歳、働き通した女坑夫の語り部の突然の死の知らせである。

「死ぬまでに」というのはいつもの口ぐせではなかったのか、と私は泣いた。タカさんは私に会いたかったのだ。私を待っていてくれたのだ、とまた泣いた。

不意の死だったといくら慰められても、地だんだを踏みたいような苦い後悔が残った。

タカさんには、炭坑で稼いで、手のひらほどの旗でもいい、一旗あげて故郷の宮崎に帰るという夢があった。夫からは「そんな夢のような話をして……」と笑い捨てられたが、タカさんは本気だった。

新参の女坑夫として働き始めたタカさんには、不慣れな地底の労働は厳しく過酷なものだったが、そんなある日、ネズミに弁当を食い荒らされた悔しさが、タカさんを奮いたたせた。

「……地の底で弁当を食べるのは同じでも、自分はネズミとは違う。出稼ぎ坑夫でも一旗あげて故郷《くに》に帰る人間ぞ。今にみとれ……」

この思いはそのまま女坑夫河島タカの人間宣言であり、宣言はタカさんの人生に強固な自立自存の根を下ろしていった。新参のタカさんをやがて「女ごの一等先山」に鍛え上げ、ねじり鉢巻の永い人生を全うさせた。

帰郷の夢は叶わなかったが、働く覚悟を支えてくれた。タカさんはそれでいいと思う。

昭和の戦争の時代、白米一合の加配米で石炭増産に追われる日々。払いについた女たちの汗で黒光りする顔、顔。きついけど元気……。タカさんもそんな顔をして働いていたのだ。筑豊の炭坑で……。

私ゃ菜種の花と咲き
おまえ蝶々でとんで遊ぼ

春になると、菜の花が遠賀川土堤を真っ黄色に彩り埋める。

菜の花に遊ぶ蝶は、タカさんの自由への憧れなのかもしれない。彼女は蝶のように飛びたかったのではないだろうか。暗い地底から見る蝶は、タカさんの目の中でどんなにひらひらと美しかったことか。それは自由そのものであり、飛び行く先に故郷の菜種畑が広がっていたに違いない。彼女は今黄色い蝶になり、故郷の菜の花畑で、ひらひらと自由に舞い遊んでいるはずだ。

大正十二年、筑豊には五万人の女坑夫がいたという。これまで出会ってきた八十人の老女たちは、炭坑のま明るい世界と、まっ暗な世界を自由に行き来し、力の限りの地底の労働で生きてきた同じ仲間である。

菜の花の春。私の老女たちは暗い地底から戻って、花の中にいる。風にゆれる菜の花は女たちの同窓会だ。ねじり鉢巻きのタカさんの歌が聞こえてくる。

子にも孫にも笑われて、誰も聞いてくれないタカさんの夢の話を、幸運にも私は何度聞かされたことだろう。私の中に今も鮮明に甦るタカさんは、私の聞き書き始めの人である。

撮影：山口勲氏

ヤマの女たちの生きた証として　あとがきに代えて

多くの人たちに助られ、泣いたり、笑ったりしながら、少しずつ聞き集めてきた元女坑夫の老女たちの聞き書きである。

昭和四十八（一九七三年）年に貝島大之浦炭鉱の閉山により筑豊の石炭坑内採掘は終結している。石炭百年の歴史が終わったその同じ年に、炭坑を知らない私が炭坑の聞き書きを始めたのだから、できるかどうかはとても不安だった。それがいつの間にか、二十数年もの間何とか続けられたのは、何といっても話してくれる老女たちの力であり、優しさであったと思う。

筑豊の地底深く、力の限りに働き抜いてきた女坑夫たちの存在すらも、今となっては知る人は少ない。私が出会ってきた八十人近い老女たちには、もう一人も会うことができないけれど、炭坑の歴史は日本の歴史であり、女性史でもある。教えられ、考えさせられることは多い。

元女坑夫の老女たちにため息や愚痴は似合わない。苦労話は山ほど聞いたけど、働き抜いた強さでカラカラと年を取り、いぶし銀のような人生の年輪の中に、何事もなかったように包み込んでしまって「いいしこ泣いてきちょらあね」と言って笑っている。

老女たちは筑豊（日本）の繁栄を担ってきながら、安いスミ掘り道具として使い捨てられてきたと言える。女たちの埋もれた労働と暮らしを踏み固めながら、それを大地にして私たちは今、自由に飛ぶことの可能な時代を生きているのである。

女坑夫たちの労働と暮らしの実態については彼女たちの語りを聞いてほしいと願っている。私の拙い文章よりも本文の彼女たちの元気な「筑豊ちょるちょる語」がどれほど大きな生きる力になることか。私の実感である。

家父長制の下で、男性社会の中で、人権を持った一人の人間として、労働者として、女坑夫たちがどんな思いで生きてきたのか、思いやって欲しい。世代を超えた女同士の連帯こそ、聞き書きを生かす私の願いである。

筑豊には宮若市千石公園に「復権の塔」がある。国籍を問わず、死者も生者もすべての炭鉱労働者の人権の復活を願って、故服部団次郎牧師の呼びかけで建てられた男女二人の坑夫像である。台座には協力者の名前を書いた一万個の石が埋めてある。十二年の歳月をかけて全国をまわり、集められた石で建設された坑夫像。時々来てみると元気になる。前の広場では小さな集まりもある。私の石も夫の石もこの台座の中にある。一万人の人々と共にいることの何と心強いことだろう。

また、飯塚市（嘉穂高等学校正門前墓地）には明治三十六（一九〇三）年に起きた潤野《うるの》炭坑のガス爆発事故犠牲者六十四人の「火死者の碑」がある。見上げる高さの石碑があり、裏側に記された犠牲者の名前の中に女坑夫名が十七人みられる。胸を衝かれる。女たちもいたのだ。炭坑の歴史は厳しい。女坑夫の災害死は特に悲痛である。

筑豊を訪れてほしいと思う。死者たちの歴史は今を生きる生者の歴史でもある。筑豊の石炭は日本の近代化のために掘られたことを忘れてはならない。

『新・火を産んだ母たち』の出版については、熱意を持って我がことのようにご尽力いただいた井上洋子先生（前福岡県人権啓発情報センター館長）の存在あってのことでした。また井上先生は公私ともご多忙中にもかかわらずこの本の解説を書いてくださいました。身に余ることと感謝の思いでいっぱいです。また、古く読みづらい鉛筆書きの原稿を文字化して、出版のきっかけを作り、その後も終始心強い協力をいただいている古閑道子さん、お二人には本当にお世話になりました。そして何といっても、元女坑夫の話者の方々の存在なくしては成立しない聞き書きでした。懐かしいあの顔この顔。あの話この話。今でも忘れることはありません。

故上野英信先生からいただいた『火を産んだ母たち』の表題が再び復活したことに感動しています。

最後に、快く出版を引き受けていただいた海鳥社の杉本雅子社長に心から厚くお礼申しあげます。

二〇二一年十一月

井手川泰子

火死者の碑

復権の塔

【解説】井手川泰子と『新・火を産んだ母たち』

井上洋子

火を産んだ母たち

一九八四（昭五九）年に出された『火を産んだ母たち――女坑夫からの聞き書き』（葦書房。以下、初版と仮称）は、当時既に高齢化していた女坑夫たちを訪ね歩き、その話を聞き取ってまとめた井手川泰子の最初の本である。それから四〇年近くが過ぎ、過酷な労働に明け暮れた人生を、時には歌を交え、底抜けの明るさで語ってくれた老女達も、誰一人として残ってはいない。また残念なことに同書も絶版となってしまった。しかしながら炭鉱の記憶を全く持たない世代が多くなった今になって、本書を読んでみたいという希望はむしろ増え、古書店で探し出して読んだというのも、多くは若い女性からの報告である。その一方で、今や米寿を迎えた井手川の手元には、『火を産んだ母たち』に載せきれなかった話もまだ多く、聞き書きのテープも残されたままである。海鳥社から版を改め、『新・火を産んだ母たち』（以下、改稿版と仮称）と題された本書は、こうした双方の思いが一つになって出版されたものである。

『新・火を産んだ母たち』は、初版の章の一部削除、新たな章の追加、加筆等を含んでいるが、柱となっているのは、活動の原点を残しておきたいという井手川の願いである。こうした願いを尊重すると共に、図版、写真、脚注を充実したことは改稿版の特徴であり、現代の読者と本書を繋ぐ役割を果たすものである。炭鉱用語は言うまでもなく、聞き書きの最大の魅力である筑豊弁も、人によっては外国語同然であるらしく、脚注を参照していただければ幸いである。

井手川が話を聞くことができた女坑夫たちは八〇人以上にのぼっているが、その全貌に近いのは、「毎日新聞筑豊版」に三回に分けて掲載された以下の記事である。

「女坑夫からの聞き書き」　一九七八（昭五三）年六月二三日から六二回
「続女坑夫からの聞き書き」　一九七九（昭五四）年一一月六日から八七回
「新女坑夫からの聞き書き」　一九八七（昭和五七）年二月二日から六九回

『火を産んだ母たち』がこの連載をもとにしていることは言うまでもないが、石井利秋のカットと共に足かけ五年、合計二一八回にわたる長期連載の存在は、著書に並々ならぬ重みを添えている。それと同時に「女坑夫」を「火を産んだ母たち」と呼び変えたことによる飛躍も明らかである。この上野英信から贈られたという秀逸な書名は、「火＝石炭」が女性労働なくしては生み出されなかったという労働形態を可視化すると同時に、女たちがそうした労働を通して現前させたものが「火＝生命」そのものであったという認識を、見事に表現しているからである。

数多くの断層と薄い炭層とを特徴とする筑豊の小炭鉱は機械化が進まず、石炭採掘を担う「先山《さきやま》」と、それを搬出する「後山《あとやま》」との一対による手労働が長く行われている。彼らの賃金は、搬出された石炭の函数で支払われる「出来高払い」であったため、再配分の手間のいらない夫婦で組まれることが多く、七割がたが夫婦であったと言われている。筑豊はとりわけ女坑夫の多い地域であった。彼女たちは立って歩くことも出来ない狭く真っ暗な斜坑をスラを引き、あるいは背負い籠で運び上げ、それを炭車《ハコ》に移し込む。「だいたい日本手拭い垂らした炭丈あれば、入って行きよった」という老女も、「テボからハコの中に炭を移す時も、逆たんくりになって、頭から突っ込んだことが二、三度あったですバイ。片腕外して、ひょいと傾けて要領で移しきるごとなるちゃ、いっときかかりましたきね」（「女坑夫ひとつのうた」）と語るように、誰にでもすぐに出来る芸当ではなかったのであり、こうした女たちの技術と辛抱によって、石炭は地上に運び出されたのである。

しかし、「八ヵ月腹」や「今月腹」を抱えて、出産ギリギリまで働き抜いた女たちが口にする、「掘った石炭は積まにゃならん。産んだ子は育てならん」（「七つ八つから」）という単純明快な言葉は、女坑夫の労働の広い領域を照らし出している。女たちにとっては、「石炭を積む」という坑内労働と、「産んだ子を育てる」という再生産労働は、どちらも同じ重さで拮抗している。炭鉱という究極の使い捨て労働に立ち向かいながら、「命の火」をつないでいった彼女たちは、まさに「火を産んだ母たち」だったのである。

追われゆく女坑夫たち

「働く金は五分五分」（「女の大力」）であり、「何ちゃ女をバカにするけど、炭坑は女でもてちょる」（「一旗の夢」）はずであったが、こうした女坑夫の就業を、法律が戦前戦後の二度にわたって禁止している。一つは一九二八（昭八）年から実施された『鉱夫労役扶助規則（内務省令第三〇号）』であり、婦人、少年の長時間労働を禁止した『工場法』（一九一一年）をうけて、女性を坑内労働から解放する近代法である。しかしその背景にあるのは、不況、そして大手炭鉱の機械化、合理化の進行であり、何らの保障無しに行う女坑夫の首切りは雇用の調整弁でしかない。従って大手で遵守された法律も、実質はザル法として、女たちは賃金を切り下げられ、条件の悪い小ヤマへ追いやられたのである。ただし戦争になれば女坑夫は再び貴重な戦力となって、日頃の出炭量を超えるノルマが連日課され、「戦争の時代、炭坑はいつも大出し日のげなもん」（「かけもち坑夫」）と化したのである。先山として朝鮮人坑夫と組んだり（「腰巻きからげて」「女のかけごえ」）、また命を落とす者もいたが、戦死扱いをされるわけではなかった。

もう一つは戦後の「労働基準法」（一九四七年）による禁止だが、上野英信の『追われゆく坑夫たち』（岩波新書、一九六〇年）によれば、この時もまた零細事業所では男性より低賃金で能率が高く、生理の時も休まない女坑夫が、監督役人の目をごまかして使われていたという。（なお、本文中にも何度か女坑夫の雇い止めに関する記述が出てくるが、それが戦前か戦後かの区別については脚注で示した。参照願いたい）。

どちらにせよ、石炭産業そのものが倒壊するまで、女の坑内労働は法律による規制の目をかいくぐりながら、長期にわたって続いていたのである。彼女たちの多くは、七つ八つから弟妹の子守として危険な坑内に下がっているが、日本の近代を支えたこうした女・子供の労働はめったに表に出ることはない。まして、その中で女たちが培ってきた心のありようと、突き抜けた明るさとを理解することはもっと難しくなっている。しかし過酷な労働の中で鍛え抜かれた彼女たちの開放的な精神は、心許した語りの場でこそ最も発揮されている。そうした意味で、『火を産んだ母たち』で採られた「聞き書き」というスタイルは、女坑夫の記録として、最もふさわしい方法だったと思われるのである。

「聞き書き」と「家庭内民主化闘争」

井手川が聞き書きを思い立ったのは四〇歳後半、一九七〇年代のことであり、女坑夫だったばあちゃん達の話の面白さに夢中になって訪ね歩いたというのである。しかしながら活動はたちまち困難に直面する。当時の井手川は大手炭鉱が払い下げた炭住に一家で暮らす二児の母だったが、産炭地に網の目のように張り巡らされていた鉄道が次々と廃止され、バス路線も減らされていく最中のこと。歩いたり、バスを乗り継いだり、やっと訪ねあてると日が暮れかかり、引き返すことも度々だったという。六人の後山が相次いで亡くなったことも痛手で、とにかく時間が足りないのだった。

井手川の経歴は初版では、「昭和八年生まれ。鞍手郡高齢者事業団で働きながら、女坑夫からの聞き書、農村の変遷、被差別部落からの採話等、貴重な聞き書きを続けている」と短く紹介されているが、「働きながら」「聞き書を続け」ていては間に合わない。そこで繰り出されたのは「仕事を辞める」という宣言であった。たちまち夫の反対するところとなったのも無理もない。炭鉱跡地に誘致したメーカーから夫に声がかかった時、「その話を受けたら、私は顔を上られない」と言って、反対したのは妻であった。大手炭鉱をレッドパージされた後も、活動を続けていた井手川勉氏との結婚には反対も多かったが、一九五五（昭三〇）年四月一日から実施された「炭鉱離職者緊急対策法」に基づく「失業対策事業」に間に合うように入籍して、最初期からそれに参加した井手川は、家計の重要な担い手だったのである。

しかし井手川の闘争心に火をつけたのは、「そういうことは上野先生の仕事、女のお前ができる仕事ではない」という夫の言葉であり、そこからが半年に及ぶ「我が家の民主化闘争」の始まりとなった。「私にも出来る。女の胸の内は、男の人には聞けない」という説明を繰り返し、仕事を辞めるという背水の陣を敷いて、本格的な聞き書きは始められたのである。服装は息子のジーパンの裾を切ったもの、ただ車がほしいとは思ったが、何がなければ始められないというような仕事ではないと思い返し、歩き通したというのだ。しかしこうした体験が糸口となり、「女の人にしか聞けない」という話の花が咲いていったのであった。なお上野英信の筑豊文庫（一九六四年開設）は、自宅から徒歩三〇分ほどの距離にある。

「なぜそこまで打ち込んだのか」と井手川に質問したことがあるが、「聞いた者には責任があるから」というのがその答えだった。何年にもわたる聞き書きの蒐集と出版、それに現在も続いている筑豊の文化の発掘と伝承という井手川の活動を考えると、納得できる答えではある。しかしそもそも「なぜ聞こうとしたのか」に対する答えとしては、「ばあちゃん達の話の面白さに夢中になった」というのが一番近いのではないだろうか。

彼女達は年をとってからも、何かと言えば訪ねあい、賑わっていたが、「一人暮らしはしよるけど、ウチたちは一人じゃないバイ。炭住からの付き合いタイ。炭坑ではみな苦労した。今でこそ笑うて話しよるが、少々の苦労じゃなかったよ。そんな時にお互い一升の米を分けおうて、それを乗り越えてきたんきね。筋金入りの付き合いよ」(「一旗の夢」)と語るように、それは炭住暮らしの延長である。そしてこうした仲間同士の腹を割った付き合いは、井手川にとってもなじみ深い光景であった。

井手川夫婦が何も持たずに結婚したとき、家を用意してくれたのは友人達で、大きな家の軒下を利用して、四畳一間に小さな台所付きの小屋を建ててくれたのである。建材にはマルハや日水の文字が入ったトロ箱を、天井には嘉穂劇場で前進座が公演した折の立派なポスターを裏返して利用した、通称「トロ箱ハウス」の完成であった。夫は不在がちだが、病気で何も食べていない井手川に、空豆をちぎって来てくれた朝鮮人の青年は自分もろくに食べていなかったし、失対の小母さん達も本当によくしてくれたという。「筑豊は何も持たない人たちが親身になってくれる場所」と語る井手川にとって、後山が語る炭鉱の労働とその暮らしは、筑豊の風土を形成する原風景であったにちがいない。

我が鬼にならんかぎりは

「私の運んだ炭は何に使われたか知らんが、三人の子供はその炭でまともに育てることができたんきね。何ちゅうても炭住の暮らしがあってこそのことタイ」（「七つ八つから」）、「似たり寄ったりの所帯ばかりやが、心が通うとったね。……よう助けてもろうたバイ」（「女のかけ声」）等々、後山たちは炭住の暮らしを語ってやまない。またこうした親身な付合いが、「坑内ちゃ命がかかちょる仕事ですきね。真剣勝負で働かなならん。自分の体と同じ、人の体も大事にせな」（「腰巻きからげて」）という、死と隣り合わせの労働が作り上げた連帯であることも語っている。故郷を捨て、親兄弟も頼れない境遇の彼女たちは、我が家族、血族だけが大事というけちくささなど持ち合わせていない。NHKで放送されたドキュメンタリー番組（「心の時代 ── 宗教人生／地の底の声、炭鉱に生きた女たち」二〇一六年制作）には、次のように語る井手川の映像が記録されている。

だって捨てられた子を育てるんですよ。自分の子供のようにずっと育ててやって、そしたらある日急におらんようになった。「何で」って言ったら、「親がね捜しに来て親が連れていったんやろう」、「よかったね」って言うんですよね。腹立たんのやろうかって思うけど。黙って一生懸命育ててやってね、我が子のように。ほんとひと言ぐらいお礼言ってもいいんやないとって思ったけど、そのおばあさんは、「まあよかったたい。ほんとの親が迎えに来てくれてよかったよかった」って喜ぶんですよ。「我が鬼にならんかぎりは、まわりも鬼にならん」って言ってましたね。

さらにこの「我が鬼にならんかぎりは」という言葉について、それは自分に言い聞かせ、自分に確認する言葉であったと井手川は考えている。それは誰から教えられた言葉でもなく、「自分で自分の心の在りようを、良い方に、良い方に変えていくような言葉」であり、「その確認を繰り返しながら、自分の人格が出来上がっていく言葉」と言い直されている。まともに評価されるどころか、差別されることも多かった後山について、そして「人格」というものについて、このように語られる場面を私は他に知らない。

もう一つ、後山の語りには炭住と並んで、「スカブラ亭主」が頻繁に登場する。「日ぐらし女ご」の「博打打つために生まれてきたげな男」は、家の金は持ち出す、博打では捕まる、釈放されても「今度から家の中ではせん。山さへ行ってするぞ」と懲りた気配はない。いくら炭鉱が男社会であり、「男がおらんな炭住に入られん」(「鍋の中のどじょう」)という現実があったとしても、理解しがたい関係性である。しかし他人のことなら目の色変えて働くのが「スカブラ」であり、「ぐずぐずしよるとボタかぶらなならん」危険箇所の仕事では、けんか腰で、後ムキを追いたくり、下手なことしようものならヨキ(斧)が飛ぶという迫力である。妻のほうも、「(警察に)いつまでも入っとけ。もう出て来るな」と毒づきながら、結構添い遂げている。井手川が一番好きなのは、スカブラ亭主がやりたい放題なこの「日ぐらし女ご」なのだと聞いて、思わず笑ったことがある。一筋縄ではいかない、この夫婦のおおらかさも炭鉱が育てた空気感であろうか。

菜の花の女たち

『火を産んだ母たち』が井手川の原点になったことは前に触れたが、初版発行からこのたびの改稿版にいたる月日の中で、井手川が形にしてきた仕事は多い。遺跡発掘作業に従事した体験から文化財の地元保存を願い、一

○年にわたる活動の末、開設にこぎ着けた「鞍手町歴史民俗資料館（現・博物館）」（一九八五年）もその一つである。ここには炭鉱の様子を再現した石炭資料展示場があり、機械化された大手炭鉱内部の木の枠には、炭塵爆発を防ぐ石灰までも再現されているが、こうした目立たない仕事を、珪肺の危険を冒しながら請け負っていたのも女たちであった。この展示場の最大の特徴は、小ヤマの展示の一角に、女坑夫の労働が正確な考証で再現されていることである。石炭を運ぶ手作りのスラにかけるカギのかけ方一つとっても、上下どちらから入れるかは大違い。上からかけたらとっさの時にハコが外れず、命がいくつあっても足りないという。井手川は、こうした展示の一つ一つを小ヤマで働いた女性達に確認しながら行ったのである。また「鞍手古文書を読む会」「中間市底井野宅子の会」等々を通して古文書資料をまとめ、地元の炭鉱遺跡の保存には率先して呼びかけ人を務めている。井手川の活動を支えるのは、地域の文化を誇りを持って語ってほしいという願いであり、これもまた一つの闘いであった。

そして現在、その活動は地域を越え、首都圏を含む若手研究者によって、井手川泰子の聞き書きに学ぶ「地べたの会」が定期的にひらかれている。ここに言う「地べた」とは「社会の底辺、根っこ」を指し、さらに「地べたをぶれることなく真っ当に生きる」という生き方そのもの、つまり井手川が女坑夫たちに学んだ生き方を示す言葉である。

「筑豊はいいですね。みんな優しくて、暖かくて」という来訪者に対しては、「ここはギリギリの状態で働いてきた人たちが、助けおうて、助けおうてこんな土地にしたんばい。勝手にこうなったんと違う」と、時には厳しいが、こうした思いも含めて、「地べたを生きる」という生き方は、今日の社会や文化についても、静かな揺さぶりをかけている。

バブル崩壊という経済変動を受け、新たな棄民政策が断行されている現在、そのしわ寄せをまともに受けているのが女たち、とりわけ非正規雇用のシングルマザーたちである。櫻木みわの小説「コークスは燃えている」(「すばる」、二〇二一年四月)の主人公、「ひの子」もそうした境遇であり、彼女が手にするのが絶版の『火を産んだ母たち』であった。流産し、窮地に陥った終盤、女坑夫たちの声が次のように引用されている。

本の女坑夫たちも、数十年前にこの世を去った。しかし二〇二〇年の年末に東京の病室にいる私に、この女性たちの声は、知っているひとのそれのように近しく、実体を持って感じられる。生き生きとまっすぐに、私の胸の中に届く(略)。

聞き書集のなかにあった、貧乏人が力を合わせないと誰が頼りになるのか、という言葉のことを考えていた。私はそれを正しいと思った。これはきれい事や義理人情の話ではなかった。事実であり、知恵と合理性の話だった。弱い立場にいる者は、いつなんどき、自分も窮状に陥るか分からないことを知っている。そのときに助けてくれるのが、ひととのつながり以外はないことを知っている。本能的、経験的に、女たちは連帯しあい、助けあってきたのだ。

女坑夫の声にうながされ、主人公は命の尊さや人々の関わりの再編成を実践してゆく。東京に住む「ひの子」もまた「火を産んだ母」の子どもであった。

＊　＊　＊

筑豊の春は遠賀川に咲く菜の花からやってくる。菜の花の群れを見ていると、女坑夫たちが全部そこに集まって面白い話をしているようなそんな気がすると、井手川は思う。最初に出会った女坑夫のタカさんの好きな歌が、

好いて好かれて惚れおうて
一夜も添わずに死んだなら
私や菜種の花と咲き
おまえ蝶々でとんで遊ぼ

であったせいだろうか。

女坑夫の聞き書きの先駆となった名著『まっくら』（理論社、一九六一年）を著した森崎和江もまた、「筑豊を横切っている川のつつみには、春ともなれば、一面の菜の花が咲く」と書きながら、「「けれども、あのきらきらしていた陽気な女たちの精神はない。二度と地上に生まれぬ事だろう」（「地域文化研究」、一九八四年）と続けている。

それは多分、井手川も同じ思いであろう。しかし忘れずにいることは出来る。忘れずに伝えていけば、形を変えてよみがえってゆく。

四〇年ぶりに版を改めた『新・火を産んだ母たち』は、そのような願いを込めて現代の読者に届けられる本である。

（前福岡県人権啓発情報センター館長）

井手川泰子（いでがわ・やすこ）
1933年、小倉市（現北九州市）生まれ。戦災により鞍手に移住。1985年から2001年まで鞍手町歴史民俗資料館（現鞍手町歴史民俗博物館）に勤務。2021年西日本文化賞受賞。鞍手町在住。著書に『筑豊　ヤマが燃えていた頃』（河出書房新社、2007年）がある。

本書には、今日では不適当な差別的な語句や表現が含まれているところがありますが、聞き書きという性格、また作品の歴史性に鑑み、取材時のままとしました。

新《しん》　火《ひ》を産《う》んだ母《はは》たち

■

2021年12月10日　第１刷発行

■

著者　井手川泰子

発行者　杉本雅子

発行所　有限会社海鳥社

〒812-0023　福岡市博多区奈良屋町13番４号

電話092(272)0120　FAX092(272)0121

印刷・製本　大村印刷株式会社

ISBN978-4-86656-109-7

http://www.kaichosha-f.co.jp

［定価は表紙カバーに表示］